Gaius Plinius Secundus

Von der Welt und den Elementen

Gaius Plinius Secundus

Von der Welt und den Elementen

Übersetzt und mit Anmerkungen versehen
von Prof. Dr. G. C. Wittstein

Mit einer Nachbemerkung
von Manuel Vogel

Behutsam angepasst
von Lenelotte Möller

marixverlag

Bibliografische Information der Deutschen Nationalbibliothek
Die Deutsche Nationalbibliothek verzeichnet diese Publikation in der
Deutschen Nationalbibliografie; detaillierte bibliografische Daten sind
im Internet über
http://dnb.d-nb.de abrufbar.

Für diese Ausgabe:

© by marixverlag GmbH, Wiesbaden 2013
Diese Auswahl basiert auf der Ausgabe Wiesbaden, 2007
Lektorat: Dietmar Urmes, Bottrop
Covergestaltung: Nicole Ehlers, marixverlag GmbH
Bildnachweis: mauritius-images GmbH, Mittenwald/United Archives
Satz und Bearbeitung: Medienservice Feiß, Burgwitz
Gesetzt in der Myriad Pro
Gesamtherstellung: CPI books GmbH, Ulm
Printed in Germany

ISBN: 978-3-86539-334-0

www.marixverlag.de

Inhalt

Aus der Vorrede zum Gesamtwerk

von Georg Christoph Wittstein

Caius Plinius Secundus wurde im Jahre 23 nach Christi Geburt (im Jahre Roms 775, im neunten Jahre der Regierung des Kaisers Tiberius) zu Como geboren, und starb unter Titus, im Jahre 79 nach Christo, dem 56. Jahre seines Alters bei einem Ausbruch des Vesuvs, demselben, der auch die beiden Städte Pompeji und Herculaneum verschüttete. Sein Vater hieß Celer, seine Mutter Marcella, durch welche er mit Pomponius Secundus verwandt war, und von deren Familie er den Namen »Secundus« erhielt. Er tat zuerst Kriegsdienste in Germanien unter der Regierung des Kaisers Claudius, verwaltete nachher mehrere bedeutende Zivil- und Militärämter unter Nero und Titus Vespasian, und kommandierte zuletzt die Flotte zu Misenum.

Was wir außerdem noch Näheres von dem Leben, Wirken und dem Tode unsers Plinius wissen, enthalten zwei Briefe seines Neffen, die daher hier folgen sollen.

C. Plinius Caecilius[1] an seinen Freund Macer[2]
(III. Buch. 5. Brief)

»Es ist mir sehr angenehm, dass Du die Werke meines Oheims so fleißig liest, dass Du wünschest, sie alle zu besitzen und zu wissen, welche es sind. Ich will daher die Rolle eines Anzeigers übernehmen und Dir zugleich bemerken, in welcher Ordnung er sie geschrieben hat, denn auch dies erfährt der Studierende gern.

Ein Buch über das Spießwerfen der Reiterei. Dieses verfasste er als Befehlshaber eines Flügels[3] mit ebenso viel Scharfsinn als Sorgfalt.

Zwei Bücher Lebensbeschreibung des Pomponius Secundus[4], der ihn zärtlich liebte, und dem er, gleichsam als schuldigen Tribut, darin die Erinnerungen an seinen Freund darbrachte.

Zwanzig Bücher über die Kriege in Germanien, worin er alle von den Römern mit den Germanen geführten Kriege beschreibt. Ein Traum veranlasste ihn dazu, als er in Germanien diente. Ihm erschien nämlich die Gestalt des Drusus Nero[5], der in Germanien große Siege erfochten hatte und daselbst gestorben war; er empfahl sich seinem Andenken und bat, er möge ihn der Vergessenheit entziehen.

Drei Bücher betitelt Der Zögling, wegen ihrer Stärke in sechs Bände verteilt, in welchen er den Redner von den ersten Elementen an behandelt und endlich vollendet darstellt.

---

1 C. Plinius Caecilius Secundus, wurde 62 n.Chr. zu Como geboren, erwarb sich als gerichtlicher Redner viel Beifall in Rom, war unter Domitian Prätor, unter Nero und Trajan Konsul, dann Augur und zuletzt Statthalter in Bithynien. Seine Mutter hieß Plinia und war des Plinius Secundus Schwester; sein Vater, der aber früh starb, hieß C. Caecilius.

2 Baebius Macer, ein angesehener Römer, bekleidete 101 n.Chr. die Würde eines consul suffectus (der beim Todesfall eines Konsuls während der Amtsführung für die noch übrige Zeit des Jahres gewählt wurde und weniger Ansehen hatte als der, welcher das Jahr begonnen [consul ordinarius]).

3 Eine Ala umfasst 300–500 Reiter.

4 Lucius Pomponius Secundus, aus Verona gebürtig, war zweimal, in den Jahren 29 und 36 n.Chr., Konsul und im Jahr 41 Oberfeldherr über die Legionen in Germanien.

5 Drusus Nero Claudius, Sohn des Claudius Tiberius Nero und der Livia Drusilla (welche, als sie noch mit ihm schwanger ging, von ihrem Gatten dem Augustus abgetreten wurde), Bruder des Tiberius, Gemahl der jüngeren Antonia, des Antonius und der Octavia Tochter, focht 11–9 v.Chr. erfolgreich gegen die Germanen, starb zu Mainz infolge eines Sturzes vom Pferde, mit Hinterlassung von 3 Kindern, des Drusus Germanicus, der Livilla und des nachmaligen Kaisers Claudius.

Acht Bücher über zweifelhafte Fälle im Ausdruck. Diese schrieb er in den letzten Jahren der Regierung des Nero[6], wo die Tyrannei jede freiere und erhabenere Art von Studien gefährlich machte.

Einunddreißig Bücher einer Fortsetzung der von Aufidius Bassus begonnenen Geschichte[7].

Siebenunddreißig Bücher einer Naturgeschichte, ein umfassendes, gelehrtes Werk und so mannigfaltig als die Natur selbst[8].

Wirst Du nicht erstaunen, dass ein mit Geschäften überhäufter Mann so viele Bücher schreiben und in manchen derselben so schwierige Gegenstände behandeln konnte? Dein Erstaunen wird sich noch vermehren, wenn ich hinzufüge, dass er eine Zeitlang Rechtsgeschäfte trieb, dass er im sechsundfünfzigsten Jahre starb, und dass ihm die Zwischenzeit teils durch die wichtigsten Ämter, teils durch die Freundschaft der Fürsten zerstreut und in Anspruch genommen wurde. Aber er besaß einen lebhaften Geist, unglaublichen Fleiß und seine Wachsamkeit war von größter Ausdauer. Mit den Vulkanalien[9] fing er bei Einbruch der Nacht an zu arbeiten, nicht des Herkommens wegen, sondern aus Eifer, im Winter aber von der siebenten, spätestens achten, oft aber schon von der sechsten Stunde an.[10] Er war sehr sparsam mit dem Schlafe, der ihn daher auch zuweilen beim Arbeiten überfiel, doch auch wieder verließ. Vor Anbruch des Tages ging er zum Kaiser Vespasian[11], der ebenfalls bei Nacht arbeitete, dann zu den ihm obliegenden Geschäften. Nach Hause zurückgekehrt widmete er die übrige Zeit den Studien. Nach dem Mittagsmahl, das, wie

---

6   Claudius Caesar Domitianus Drusus Germanicus Nero, Sohn des Domitius Ahenobarbus und der jüngeren Agrippina, geb. 36 n.Chr. ward mit Octavia, des Kaisers Claudius Tochter, vermählt, und nach des Letzteren Ermordung 54 n.Chr. Kaiser, ließ sich 68 n.Chr. von einem Freigelassenen, Epaphroditus, erstechen.

7   Aufidius Bassus lebte unter den Kaisern Augustus und Tiberius und schrieb eine Geschichte seiner Zeiten, die wir aber nicht mehr besitzen.

8   Von allen diesen Schriften ist nur noch die Naturgeschichte vorhanden.

9   Am 23. August. Man opferte bei diesem Fest dem Vulkan ein rötliches Kalb und ein wildes Schwein, damit er alle Feuersbrünste abhalten möge.

10 Also nach unserer Zeitrechnung um ein, zwei oder zwölf Uhr mittags.

11 Titus Flavius Vespasianus, Sohn des Vespasianus, geb. 40 n.Chr., wurde nach des Letzteren Tod 79 Kaiser, starb aber schon 81, wie man glaubt an Vergiftung durch seinen Bruder Domitian.

bei den Alten, aus leichten Speisen bestand, legte er sich oft im Sommer zur Erholung in die Sonne, las in einem Buche, notierte und exzerpierte, denn aus allem, was er las, machte er Auszüge. Auch pflegte er zu sagen, es sei kein Buch so schlecht, dass es nicht etwas nützen könne. Nach dem Sonnen nahm er meistens ein kaltes Bad, aß etwas und schlief ein wenig. Dann studierte er, als ob ein neuer Tag angebrochen sei, bis zur Zeit des Abendessens.[12] Während der Tischzeit las er in einem Buch und machte Bemerkungen, jedoch nur flüchtig. Ich erinnere mich, dass, als einst der Vorleser etwas unrichtig ausgesprochen hatte und ein gleichzeitig anwesender Freund den Satz wiederholen ließ, mein Oheim fragte: ›Du hattest es doch verstanden?‹, und, als jener dies bejahte, fortfuhr: ›Warum ließest Du es denn wiederholen? Durch Dein Zwischenreden haben wir nun schon zehn Zeilen verloren‹. So karg war er mit seiner Zeit.

Im Sommer erhob er sich noch bei Tage von der Abendtafel, im Winter bei einbrechender Nacht, und diese Ordnung beobachtete er wie ein Gesetz. So hielt er es mitten unter Geschäften und im Geräusche der Stadt. Auf dem Lande war bloß die Badezeit von gelehrter Tätigkeit frei; doch meine ich damit nur die Zeit, wo er sich im Bad selbst befand, denn während des Entkleidens und Abtrocknens ließ er sich vorlesen oder diktierte etwas. Auf Reisen, gleichsam von jeder Sorge entbunden, war dies seine einzige Beschäftigung. Zur Seite saß ihm dann ein Schreiber mit Buch und Schreibtafel, der im Winter Handschuhe trug, damit selbst die Rauigkeit der Witterung ihm keine Zeit zur Tätigkeit rauben möchte. Aus diesem Grunde ließ er sich auch zu Rom in einem Stuhlwagen fahren. Als ich einmal spazieren ging, tadelte er mich mit den Worten: ›Du solltest diese Stunden besser anwenden.‹ Er hielt nämlich alle Zeit, die nicht zur Tätigkeit verwendet würde, für verloren. Auf solche Weise war es ihm möglich, jene Anzahl von Schriften zu vollenden; mir hinterließ er noch 160 Erläuterungen auserlesener Bücher, welche auch auf der Rückseite des Papiers

---

12   Cena, die Hauptmahlzeit der Römer.

und sehr klein geschrieben waren, sodass sich ihre Zahl eigentlich verdoppelt. Er selbst sagte, er habe als Prokurator in Spanien diese Erläuterungen dem Largius Licinius[13] für 400 000 Sesterzen verkaufen können, und damals waren ihrer doch weit weniger.

Dünkt Dich nicht, wenn Du bedenkst, wie viel er gelesen und geschrieben hat, er könne weder öffentliche Ämter bekleidet noch der Kaiser Freundschaft genossen haben? Ferner, wenn Du hörst, welchen Fleiß er auf Amtsarbeiten verwendet, er könne weder zum Schreiben noch zum Lesen die nötige Zeit gehabt haben? Denn, was kann nicht durch jene Abhaltungen vereitelt, was hingegen durch solche Beharrlichkeit ermöglicht werden? Ich pflege daher zu lachen, wenn man mich fleißig nennt, denn mit ihm verglichen gehöre ich zu den Untätigsten. Tue ich aber nur so viel, wie teils meine öffentlichen, teils meine Pflichten gegen die Freunde mir erlauben? Wer von denen, welche ihr ganzes Leben den Wissenschaften weihen, möchte nicht, ihm zur Seite gestellt, als ein dem Schlafe und dem Müßiggange Ergebener erröten?

Ich habe diesen Brief sehr ausgedehnt, obgleich ich nur, Deinem Wunsche gemäß, schreiben wollte, welche Werke mein Oheim hinterlassen hat. Ich glaube jedoch, dass Dir die übrigen Nachrichten von ihm nicht weniger angenehm sein werden als die Bücher selbst, weil sie Dich nicht nur zum Lesen derselben, sondern auch zu ähnlichen Ausarbeitungen anregen können. Lebe wohl.«

C. Plinius Caecilius an seinen Freund Tacitus[14]
(VI. Buch. 16. Brief)

»Du wünschest, dass ich Dir über den Tod meines Oheims schreibe, damit Du ihn der Nachwelt umso getreuer berichten kannst. Ich danke Dir dafür, weil ich sehe, dass seinem Tode, wenn er

---

13   War Praetor und wurde dann Legat in Kleinafrika, wo er beim Genuss einer Trüffel
      auf einen Denar biss und die Vorderzähne einbüßte.
14   P. Cornelius Tacitus, berühmter römischer Geschichtsschreiber, Jurist und Redner,
      geb. 60 n.Chr.

von Dir verherrlicht wird, ein unsterblicher Ruhm bevorsteht. Denn, obgleich er bei dem Untergange der schönsten Gegenden, gleichwie Städte und Völker durch einen denkwürdigen Umstand als ewiger Sieger gestorben ist; obgleich er sehr viele und eine feste Dauer versprechende Werke geschaffen hat, so wird doch die Unsterblichkeit Deiner Schriften seinem steten Andenken das größte Gewicht geben. Zwar halte ich diejenigen für glückselig, denen die Götter verliehen haben, entweder so zu handeln, dass es schreibenswert, oder so zu schreiben, dass es lesenswert ist; jedoch scheinen mir diejenigen die Glückseligsten zu sein, denen beides zu Teil wurde. Unter die Zahl der Letzteren wird mein Oheim durch seine und Deine Schriften gehören; umso freudiger empfange, ja fordere ich Deinen Auftrag.

Er befand sich zu Misenum[15] und befehligte die kaiserliche Flotte. Am 24. August um 1 Uhr mittags meldete ihm meine Mutter, es zeige sich eine Wolke von ungewöhnlicher Größe und Gestalt. Er hatte kurz zuvor ein kaltes Bad genommen, kaltes Wasser getrunken, lag wie gewöhnlich in der Sonne und studierte, forderte aber sogleich seine Schuhe und bestieg eine Anhöhe, von wo aus er jene merkwürdige Erscheinung am besten beobachten konnte. Eine Wolke (es war nicht genau zu unterscheiden, von welchem Berge sie kam; erst später erfuhr man, dass es der Vesuv war), welche einem Baume, und zwar einer Fichte, nicht unähnlich schien (denn sie zeigte gleichsam einen hohen Stamm, der sich in mehrere Äste ausbreitete), stieg auf. Wie mir schien, wurde sie durch einen starken Wind herbeigeführt, dann zerteilte sie sich, als dieser schwächer werdend sie verließ, infolge ihres eigenen Gewichts in die Breite, an einigen Stellen weiß von Farbe, an anderen schmutzig und fleckig, je nachdem sie Erde und Asche mit sich führte. Dem gelehrten Manne schien es der Mühe wert, sie näher kennenzulernen. Er ließ ein leichtes Schiff[16] in Bereitschaft

---

15   Stadt und Vorgebirge bei Cumae in Kampanien; jetzt findet man noch Trümmer der Stadt.
16   Liburnica, hatte seinen Namen von den Liburnern, einem illyrischen Volk, die sich derer bei ihren Seeräubereien bedienten.

setzen; mir stellte er es frei, ihn zu begleiten. Ich erwiderte, ich wolle lieber studieren, und zufälligerweise hatte er mir gerade etwas zu schreiben gegeben. Als er aus dem Hause trat, empfing er einen Brief von den Marinesoldaten zu Retina, welche durch die drohende Gefahr erschreckt (denn dieses Landgut lag am Fuß des Berges[17] und bloß zu Schiff war die Flucht möglich) ihn dringend ersuchten, sie dem herannahenden Unglück zu entreißen. Er änderte daher seinen Entschluss und unterzog sich nun dem, was er mit dem Eifer eines Gelehrten begonnen hatte, mit dem größten Mut. Er ließ die Vierruderer in See bringen und bestieg sie selbst mit, um nicht nur jenen, sondern auch vielen anderen (denn die Küste war wegen ihrer angenehmen Lage stark bevölkert) zuhilfe zu kommen. Er eilt dahin, von wo andere fliehen, steuert geraden Laufs auf die Gefahr los und so unerschrocken, dass er alle Bewegungen und Gestalten jener furchtbaren Erscheinung diktierte und aufzeichnen ließ.

Schon fiel die Asche, je mehr er sich näherte, desto heißer und dichter in die Schiffe; schon stürzten selbst Bimssteine, schwarze, verbrannte und durch die Hitze geborstene Steinmassen herab; schon machten ihm das plötzlich seicht gewordene Wasser und ein Einsturz des Berges die Küste unzugänglich. Da war er einige Augenblicke unschlüssig, ob er umkehren sollte, sprach aber bald darauf zu dem zur Rückkehr ratenden Steuermanne: ›Den Kühnen begünstigt das Glück; fahre zu Pomponianus!‹ Dieser war zu Stabiae[18] und durch einen dazwischen liegenden Meerbusen getrennt, denn das Meer dringt hier durch eine allmähliche Schwenkung und Krümmung der Küste ins Land. Jener[19] hatte, obgleich noch keine Gefahr herannahte, dieselbe aber doch vor Augen lag und wahrscheinlich groß werden würde, sein Gepäck in die Schiffe bringen lassen, entschlossen zu fliehen, sobald der

---

17 Vesuv.
18 An der Stelle des jetzigen Castellamare.
19 Pomponianus ist wahrscheinlich eine Person mit Martius Pomponianus, welchen Vespasian mit der Konsulwürde beehrte, und Domitian nach Korsika verbannte, wo er auf kaiserlichen Befehl hingerichtet wurde.

widrige Wind sich gelegt haben würde. Als mein Oheim, den dieser Wind gerade begünstigt, dort ankommt, umarmt er den Zagenden, tröstet ihn, lässt sich, um dessen Furcht durch eigene Sorglosigkeit zu beseitigen, in ein Bad bringen, setzt sich sodann zu Tische und speist völlig heitern Gemüts, oder, was gleiche Seelenstärke beweist, scheinbar heiter. Inzwischen leuchteten aus dem Vesuv an mehreren Stellen große Flammen hervor, deren Glanz und Feinheit durch die nächtliche Finsternis noch erhöht wurden. Um die Furcht seiner Umgebung zu verscheuchen, sagte mein Oheim, die Flammen seien nichts als brennende Häuser, welche von den Landleuten aus Angst verlassen wären; dann begab er sich zur Ruhe und schlief auch wirklich ein, denn die vor dem Gemache wachenden Diener vernahmen sein Atemholen, welches wegen seiner Korpulenz etwas stark und laut war. Aber schon hatte sich der Hof, welcher zu dem Zimmer führte, mit Asche und Steinen so sehr angefüllt, dass bei längerem Aufenthalt darin der Ausgang nicht mehr möglich gewesen wäre. Er wurde daher geweckt, ging hinaus und begab sich zu Pomponianus und den Übrigen, welche gewacht hatten. Man beratschlagte nun, ob man im Hause bleiben oder ins Freie gehen sollte, denn das Gebäude zitterte bereits von den häufigen und starken Stößen, und schien, gleichsam aus seinen Fugen gehoben, bald hierhin, bald dorthin zu wanken; andererseits aber fürchtete man im Freien das Herabfallen wenn auch leichter und ausgebrannter Bimssteine. Indessen wählte man bei Vergleichung der Gefahren das Letzte, da bei ihm ein Grund den anderen, bei den anderen eine Furcht die andere besiegte. Man legte zum Schutz gegen die herabfallenden Steine Kissen um den Kopf und band sie mit Tüchern fest. Schon war es anderwärts heller Tag, hier aber noch dichte schwarze Nacht, jedoch verbreitete man durch zahlreiche Fackeln und Lichter hinreichende Helle. Man beschloss, an die Küste zu gehen und nachzusehen, ob das Meer schon fahrbar sei; allein dieses war immer noch sehr ungestüm. Hier legte sich mein Oheim auf ein hingebreitetes Tuch, verlangte einige Male kaltes Wasser und trank davon, bis Flammen und ein denselben vorausgehender Schwefelgeruch, welche die Andern zur Flucht trieben, auch ihn aufschreckten. Durch zwei Diener unterstützt, erhob er sich, sank aber sogleich tot nieder, indem ihm, wie ich vermute, durch den dicken Dampf der Atem benommen und die Luftröhre, welche bei ihm von Natur schwach, enge und entzündet war, geschlossen wurde. Als es wieder Tag geworden war (und dies geschah erst am dritten Tage danach), fand man ihn unverletzt und noch in seiner Kleidung; sein Ansehen glich mehr dem eines Schlafenden als eines Toten.

Während dieser Katastrophe befand ich mich mit der Mutter zu Misenum. Doch das gehört nicht zu meiner Erzählung, und da Du nur einen Bericht über seinen Tod haben willst, so eile ich zum Schlusse. Nur eins füge ich noch hinzu, nämlich, dass ich alles, wovon ich selbst Augenzeuge war und was ich gleich anfangs als authentisch vernommen, treu wiedergegeben habe. Du wirst nun das Wesentlichste daraus entnehmen, denn es ist ein Unterschied zwischen einem Briefe und einer Geschichte; für einen Freund schreibt man anders als für das Publikum. Lebe wohl.«[20]

*

Wie schon erwähnt, besitzen wir von den Schriften des C. Plinius Secundus nur noch die Naturgeschichte, welche aus XXXVII Büchern besteht. Das I. enthält die Dedikation an den Kaiser Titus nebst dem Inhaltsverzeichnisse der folgenden. II. Kosmographie. III. bis VI. Geographie. VII. handelt vom Menschen. VIII. bis XI. Naturgeschichte der Tiere. XII. bis XIX. Naturgeschichte der Pflanzen. XX. bis XXVII. Arzneimittel von den Pflanzen. XXVIII. bis XXXII. Arzneimittel vom Menschen, vom Wasser und von den Tieren. XXXIII. bis XXXVII. Von den Metallen, Steinen und den bildenden Künsten in Verbindung mit der Geschichte der vorzüglichsten Künstler und Kunstwerke.

---

20 Weitere Nachrichten über jene furchtbare, von Erdbeben begleitete Eruption des Vesuvs teilt der jüngere Plinius in einem späteren Brief an Tacitus (VI. Buch, 20. Brief) mit.

Deutsche Bearbeitungen dieses Werkes sind schon mehrere Male unternommen worden. Die älteste erschien zu Straßburg in Folio, aber nur teilweise, und zwar vom I. bis V. Buche im Jahre 1509 und vom VII. bis XI. Buche im Jahre 1542 von Heinrich Eppendorf. – Bald darauf gab Johann Heyden Bruchstücke einer Übersetzung des Plinius heraus. Von dieser sagt Große in der Vorrede zum neunten Bande seiner Übersetzung des Plinius:»Ich habe die Heyden'sche Übersetzung, erschienen 1580 zu Frankfurt a. M. in Folio mit Holzschnitten, an mich gebracht, die aber kaum des Titels einer Übersetzung wert ist. Der Verfasser nennt sich Johannes Heyden von Dhann. Trotz eines langen vielversprechenden Titels begreift diese Übersetzung doch nur das VII., VIII., IX., X. und XI. Buch des Plinius, und bei Weitem nicht vollständig, sondern nur stellenweise; aus einigen der übrigen Bücher sind nur wenige Data genommen. Der Übersetzer hat den Plinius zum Grunde gelegt und sein Werk aus mehreren Schriftstellern zusammengeschrieben. Es ist also ein Irrtum, diese Kompilation von etwa 1 Zoll Dicke für eine Übersetzung der Historia naturalis Plinii auszugeben oder zu halten.«

Bei der Übersetzung selbst machte ich es mir zum Gesetz, den lateinischen Text möglichst treu im Deutschen wiederzugeben; um aber nicht bloß eine kahle Übersetzung zu liefern, fügte ich, wo es mir nötig schien, erläuternde Anmerkungen hinzu.

München, 1880   G. C. Wittstein.

Plinius' praefatio zum Gesamtwerk

C. Plinius Secundus an den Kaiser Titus Vespasianus

1 Die Bücher der Naturgeschichte, ein unter den Schriften[1] Deiner Römer[2] noch neues Werk, erst jüngst von mir vollendet, habe ich beschlossen, Dir, geliebtester Kaiser (dieser Titel, an den wir durch Deinen erhabenen Vater[3] schon lange gewöhnt sind, sei auch der Deiner würdigste), in einer freimütigen Zuschrift vorzutragen. Du pflegtest ja meinen unbedeutenden Arbeiten einigen Wert beizulegen[4] – dass ich den Catull, meinen Landsmann (Du kennst auch dieses militärische Wort), anzuführen wage; denn derselbe bediente sich, wie Du weißt, nicht der feinsten Ausdrücke, als ihm seine setabischen Tücher[5] vertauscht waren, weil er sie als Geschenk von seinen Freunden Veraniolus und Fabullus sehr in Ehren hielt. *2* Zugleich soll aber durch diese meine Kühnheit das in Erfüllung gehen, über dessen Unterlassung Du Dich auf ein früheres ehrerbietiges Schreiben von mir beklagt hast, damit

---

1   Camoenae, Musen, gelehrte Arbeiten.
2   Quirites war eine ehrenvolle Benennung der Bürger in der Stadt Rom. Der Ursprung dieses Namens ist folgender: Nachdem unter Romulus zwischen den Sabinern und Römern Friede geschlossen, beide Reiche miteinander vereinigt und Rom als Sitz des gemeinschaftlichen Regiments bestimmt war, wurde man eins, um den Sabinern doch auch einen Vorzug einzuräumen, dass für die Folge die sämtlichen Römer nach der sabinischen Stadt Cures: Quiriten heißen sollten. Der Ort, wo dieser Vertrag geschlossen wurde, hieß Comitium. Vgl. Livius I. B., 13. Cap.; Plutarch im Leben des Romulus.
3   Titus Flavius Vespasianus, geb. im Jahre 9 n.Chr. und gest. im Jahre 79 n.Chr. Sein Sohn Titus wurde im Jahre 40 geboren und starb im Jahre 81.
4   Eine Stelle aus einem Gedicht Catulls an Cornelius Nepos. – Q. Valerius Catullus, einer der besten römischen Dichter, geb. zu Sirurio im Veronesischen, lebte 86–48 v.Chr. zu Rom.
5   Setaba, zu Setabis (jetzt Xativa in Valencia) in Spanien verfertigt. Vgl. III. B., 4. Cap. und XIX. B. 1. Cap.

einige Deiner Taten ans Licht treten und jedermann erfahre, wie würdig Du der Beherrschung des Römischen Reiches bist. *3* Du hast Triumphe gehalten, warst Zensor, sechs Mal Konsul und Dir wurde die Macht eines Tribuns zuteil; aber groß und edel hast Du gehandelt, da Du, als Befehlshaber der Leibwache, Deinem Vater und dem Ritterstande Deine Dienste widmetest, und das alles tust Du für den Staat, mir aber bist Du ebenderselbe im Feldlager. Bei Dir hat die Größe des Glücks nichts geändert, als mehr und mehr nützlich zu sein. *4* Wenn daher den Übrigen alle jene Mittel zu Gebote stehen, Dir Verehrung zu erweisen, so bleibt mir, um Dir auf eine vertrauliche Weise zu huldigen, nur die Kühnheit übrig. Diese magst Du Dir selbst anrechnen, und, wenn ich schuldig bin, verzeihen. Ich wollte aller Blödigkeit entsagen, kann sie aber dennoch nicht ganz ablegen, denn Du trittst mir auf anderem Wege zu mächtig entgegen, und bestimmst mich durch Deine große Gelehrsamkeit, noch weiter zurückzuweichen. *5* Noch bei keinem glänzte so sehr die wahre rednerische Kraft, die Beredsamkeit der tribunizischen Gewalt. Wie donnerst Du das Lob des Vaters! Wie lieblich bist Du beim Lob des Bruders! Wie groß ist Dein Dichtertalent! Oh, welche Fruchtbarkeit des Geistes! Du wusstest auch den Bruder[6] nachzuahmen. *6* Aber wer kann dies alles wohl ohne Furcht würdigen, wenn er sich dem überdies noch erbetenen Urteil Deines Geistes unterwerfen will? Denn die Lage derer, welche etwas öffentlich herausgeben, ist verschieden von denen, welche Dir speziell etwas widmen. In jenem Falle könnte ich sagen, warum liest Du dies, mein Kaiser? Es ist für das niedere Volk, die Bauern, Handwerker, zum Ausfüllen müßiger Stunden geschrieben; wer hat Dich zum Richter bestellt? Als ich dieses Werk schrieb, warst Du nicht mit auf jener Liste. Ich hielt Dich für zu erhaben, als dass ich glauben sollte, Du würdest Dich soweit herablassen. *7* Überdies gibt es ja auch eine

---

6   Domitian, der, im Jahre 51 geboren, seinem Bruder in der Regierung folgte, der sich als einer der scheußlichsten Tyrannen bewies, und auf Anstiften seiner Gemahlin Domitia im Jahre 96 ermordet wurde. In seinen Jünglingsjahren mag wohl sein Charakter eine bessere Außenseite gezeigt haben.

öffentliche Zurückweisung bei den Gelehrten. Ihrer bediente sich M. Tullius[7], der doch über alle Geistesarmut erhaben ist, und ließ sich, was mich wundert, durch einen Sachwalter verteidigen. »Es ist nicht für die gelehrtesten Männer bestimmt; ich will nicht, dass Manius Persius, ich will, dass Iunius Congus mich lese«. Wenn dies Lucilius[8], der zuerst eine satirische Schreibart einführte, von sich sagen zu müssen glaubte, wenn Cicero solches von ihm entlehnte, namentlich, als er über den Staat schrieb, um wie viel eher habe ich Ursache, mich vor irgendeinem Richter zu verwahren!

8 Aber dieses Schutzmittels habe ich mich durch meine Zuschrift selbst begeben; denn es ist ein großer Unterschied, ob jemand einen Richter durchs Los erhält oder ihn wählt; ferner sind die Zurüstungen bei einem geladenen Gast verschieden von denen bei einem unvermuteten.

9 Wenn bei Cato, jenem Feind von zudringlichen Amtsbewerbungen, der sich über versagte Anstellungen, gleichsam als wären sie unveräußerlich, freute, die Bewerber in den hitzigsten Versammlungen ihr Geld niederlegten, so gaben sie vor, sie täten dies ihrer Unschuld wegen, die sie für das beste aller menschlichen Güter hielten. Dahin zielt jener edle Ausruf des M. Cicero: »Du glücklicher M. Porcius, von dem niemand eine Ungerechtigkeit zu begehren wagte«! *10* Als L. Scipio Asiaticus sich an die Tribunen, unter denen auch Gracchus war, um Hilfe wandte, lieferte er dadurch den Beweis, dass er sich auch dem Urteil eines feindlichen Richters unterwerfen könne. So ernennt ein jeder irgendeinen zum höchsten Richter seiner Angelegenheit, wenn er wählt, und daher kommt auch der Ausdruck »Aufruf«.

11 Dass Du auf den höchsten Gipfel des menschlichen Geschlechts gestellt, mit größter Beredsamkeit und Gelehrsamkeit begabt bist, ja selbst von den Dich Grüßenden ehrfurchtsvoll begegnet wirst, ist mir bekannt. Daher besorge ich, dass das,

---

7   Marcus Tullius Cicero, der bekannte römische Staatsmann, Redner und Philosoph, geb. 106 v.Chr. bei Arpinum, 53 auf seinem formianischen Landgut ermordet.

8   C. Lucilius aus Suessa in Kampanien um 150 v.Chr., röm. Ritter, Großonkel des großen Pompeius, der Schöpfer der eigentl. römischen Satire.

was Dir gewidmet wird, auch Deiner würdig sei. Aber es opfern ja die Landleute und viele Völker den Göttern mit Milch und spenden mit Salz vermischtes Mehl, weil sie keinen Weihrauch haben; und niemals wurde es für ein Laster gehalten, die Götter so zu verehren, wie man es vermochte. *12* Meine Kühnheit wird indessen noch dadurch vermehrt, dass ich Dir diese Bücher von leichterer Arbeit gewidmet habe; in ihnen vermisst man einen erhabenen Geist, der mir überdies nur in sehr mäßigem Grad zuteilward; auch fehlen darin, wegen Trockenheit der Materie, Abschweifungen, Reden, Gespräche, merkwürdige Ereignisse, verschiedene Vorfälle oder Gegenstände, welche angenehm zu nennen und interessant zu lesen wären.

13 Das Wesen der Dinge, d.h. ihr Leben wird darin beschrieben, und zwar von seiner schmutzigsten Seite, so dass vieles mit gemeinen oder auswärtigen, ja sogar barbarischen und von einem anständigen Vorwort begleiteten Namen bezeichnet werden musste. *14* Zudem ist dies bis jetzt nur erst ein Pfad, keineswegs eine von Schriftstellern schon betretene Straße oder eine solche, auf welcher der Geist gern wandeln möchte. Niemand unter uns hat ihn noch benutzt; niemand unter den Griechen, der alle diese Gegenstände allein behandelt hat. Viele suchen nur die angenehme Seite der Studien auf. Was aber von anderen mit außerordentlichem Scharfsinn bearbeitet sein soll, das liegt noch in tiefem Dunkel. Ich beabsichtigte nun, alles das zu berühren, was, nach dem Ausdruck der Griechen, in eine »Enzyklopädie« gehört, was entweder noch unbekannt oder noch nicht sicher erforscht ist. Andere Materien sind aber von vielen Autoren bereits zum Überdruss besprochen worden. *15* Es ist eine schwierige Sache, alte Dinge in ein neues Gewand zu kleiden, neuen Dingen Ansehen, abgenutzten Glanz, dunklen Licht, faden ein gefälliges Gewand, zweifelhaften Glauben, allen aber ihr Wesen und dem Wesen alles, was ihm gehört, zu geben. Daher erscheint schon der Wille löblich und schön, wenn auch das Ziel nicht ganz erreicht wird. *16* Ich bin wenigstens der Ansicht, dass ein besonderer Umstand in dem Bestreben derer liegt, welche nach überwundenen Schwierigkeiten, den Nutzen zu helfen der Sucht zu gefallen vorzogen, und dieses Prinzip habe ich auch in anderen Schriften befolgt. Daher gestehe ich meine Verwunderung über den berühmten Schriftsteller T. Livius[9], welcher einen Band seiner vom Ursprung Roms beginnenden Geschichte also eröffnet:»er habe sich schon Ruhm genug erworben und hätte seine Tätigkeit einstellen können, wenn nicht sein rastloser Geist an dem Werk selbst Nahrung fände.« Denn ihm ziemte es wahrlich, zum Ruhm der Völker besiegenden Nation und des römischen Namens und nicht für seinen eigenen jenes Werk zu verfassen. Es wäre verdienstvoller gewesen, wenn er aus Liebe zur Sache, nicht seines Geistes wegen, und für das römische Volk, nicht aber für sich so beharrlich gearbeitet hätte.

17 Zwanzigtausend merkwürdige Gegenstände (sie sollten daher, wie Domitius Piso sagt, eher Schatzkammern und nicht Bücher heißen), gesammelt durch das Lesen von etwa zweitausend Büchern, unter welchen erst wenige ihres schwierigen Inhalts wegen von den Gelehrten benutzt sind, von Hundert der besten Schriftsteller[10], habe ich in XXXVI Bänden zusammengefasst, dazu aber noch vieles gefügt, wovon entweder unsere Vorfahren nichts wussten, oder was das Leben erst später ermittelt hat. *18* Ich zweifle indessen nicht, dass auch mir manches entgangen ist; ich bin ja Mensch, mit Geschäften überhäuft, arbeitete an dem Werk nur in meinen Nebenstunden, d.h. des Nachts, um der Meinung nicht Raum zu geben, als habe ich den für Dich bestimmten Stunden etwas entzogen. Die Tageszeit widme ich Dir, ich schlafe nach

---

9   Aus Padua, der vornehmste römische Geschichtsschreiber, lebte lange am Hof des Augustus und starb 19 n.Chr. in seiner Vaterstadt.

10 Nach einer von mir unternommenen genauen Zählung hat Plinius in diesem Werk 505 Schriftsteller benutzt. Von diesen sind nur 447 in den Inhaltsverzeichnissen des ersten Buches, 58 dagegen nur im Text genannt worden. Außerdem finden sich noch 8 Schriftstellerinnen (7, nämlich: Agrippina, Elephantis, Laïs, Olympias, Phemonoë, Salpe und Sotira in den Inhaltsverzeichnissen, 1 nämlich: Erinna nur im Text) und 3 öffentliche Urkunden (Acta und Acta triumphorum in den Inhaltsverzeichnissen, Annales nur im Text). Die totale Summe aller von Plinius benutzten Schriftsteller, Schriftstellerinnen und öffentlichen Urkunden beträgt also 516. Ein alphabetisches Verzeichnis derselben folgt am Schluss des Werks.

Maßgabe meiner Gesundheit, bin sogar mit dieser einzigen Belohnung zufrieden, weil ich (wie M. Varro sagt) im Dienste der Musen so viele Stunden mehr lebe. Denn nur das Wachen ist Leben. *19* Dieser Ursachen und Schwierigkeiten wegen wage ich, nichts zu versprechen; Du bist mir selbst Bürge dafür, weil ich an Dich schreibe. Dies ist kein Vertrauen auf mein Werk, sondern nur eine Empfehlung für dasselbe. Viele Dinge scheinen nur darum sehr wertvoll, weil sie den Tempeln geweiht sind. *20* Ich habe alle, Deinen Vater, Dich und Deinen Bruder in einem andern Werk geschildert, welches in der Geschichte unserer Zeiten da beginnt, wo Aufidius Bassus aufhört. Du wirst fragen, wo es sei – längst vollendet, wird es noch ausgebessert, und überdies ist es zur Übergabe an einen Erben bestimmt, um selbst den Schein zu vermeiden, als habe mein Leben nach Ehrgeiz gestrebt. Ich räume denen den Platz gern ein, welche ihn zuvor schon innehatten, aber auch den Nachfolgern, von denen ich weiß, dass sie mit mir ebenso, wie ich mit den vorigen, wetteifern werden.

21 Den Beweis meiner Denkungsart magst Du daraus ersehen, dass ich die Namen der Schriftsteller diesen Büchern vorgesetzt habe. Es ist nämlich, wie ich glaube, billig und zeugt von edler Scham, zu bekennen, wem man sein Wissen verdankt, und es nicht zu machen, wie die meisten der von mir angeführten. *22* Denn wisse, dass ich bei Vergleichung der Schriftsteller gerade unter den sich für originell ausgebenden und neuesten solche fand, welche die alten wörtlich abgeschrieben und nicht genannt haben; nicht mit jenem Edelmut des Vergil, um zu wetteifern; nicht mit der Anspruchslosigkeit des Cicero, der in den Büchern »über die Republik« dem Plato gefolgt zu sein gesteht, der in der »Tröstung über den Tod seiner Tochter« sagt: Ich folge dem Krantor; der in dem Werk »über die Pflichten« den Panaitios[11] zum Muster nahm; – Du kennst ja diese Werke, welche studiert und nicht bloß täglich in die Hand genommen werden sollten. *23* Es

---

11 Von Rhodos, stoischer Philosoph aus dem 2. Jh. v.Chr., von dessen Werken wir keines mehr besitzen.

verrät sicherlich einen schwachen und unglücklichen Geist, lieber auf dem Diebstahl ertappt zu werden, als das Empfangene wieder zu geben, da ja aus den Zinsen wieder ein Kapital wird.

24 Hinsichtlich des Titels eines Buches herrscht bei den Griechen eine wunderbare Fruchtbarkeit. Einige überschreiben *Κηρίον*, was sie Honigscheibe genannt wissen wollen; andere: *Κέρας Ἀμάλθειας* oder Horn des Überflusses, sodass man aus einem solchen Buch Hühnermilch zu schöpfen hoffen könnte. Andere Titel sind: *Ἰωνία*[12], *Μοῦσαι*[13], *Πανδέκται*[14], *Εγχειρίδια*[15], *Λειμών*[16], *Πίναξ*[17], *Σχέδιον*[18] – Namen, wegen denen man wirklich einen Gerichtstermin versäumen könnte! Allein, liest man erst solche Bücher, ihr Götter und Göttinnen, welch' ein Nichts enthalten sie! Die Ernsteren unter uns Römern bedienen sich der Worte: *Antiquitates*[19], *Exempla*[20], *Artes*[21]; die Scherzhaften sagen: *Lucubrationes*[22], wie denn auch einer von ihnen ein Säufer war und so genannt wurde. Weniger ernst ist M. Varro, der seine Satiren mit *Sesculysses*[23] und *Flexibula*[24] überschrieb. **25** Unter den Griechen hörte Diodorus[25] zuerst auf zu scherzen und gab seiner Geschichte den Namen *Βιβλιοθήκη*. Zwar schrieb der Grammatiker Apion[26], derselbe, welchen der Kaiser Tiberius die Zimbel der Welt nannte, während dieser doch eher als die Pauke des öffentlichen Gerichts angesehen werden könnte, dass diejenigen mit der Unsterblichkeit von ihm beschenkt werden sollten, denen

---

12 Veilchenbeet.
13 Von Herodot.
14 Pandekten.
15 Handbücher, ein Werk von Epiktet.
16 Wiese, von Gellius.
17 Gemälde, von Kebes.
18 Skizze, von Himerius.
19 Altertümer, wie Varro.
20 Beispiele, wie Valerius Maximus.
21 Künste.
22 Nachtarbeiten.
23 Anderthalbfacher Ulysses.
24 Krümmungen.
25 Von Agyrion in Sizilien, daher auch D. Siculus genannt, Historiker zur Zeit J. Caesars und Augustus' in Rom.
26 Ein Ägypter und berühmter Schriftsteller aus der Zeit des Tiberius.

er etwas widmen würde. *26* Mich reut es nicht, keinen pomphaften Titel ausgedacht zu haben. Damit es aber nicht scheine, als verspotte ich die Griechen in jeder Beziehung, so möchte ich wohl nach jenen Gründern der Malerei und Plastik beurteilt werden, welche Du in diesen Büchern findest, und die ihre vollendeten Werke sowie auch diejenigen, welche wir nicht genug bewundern können, mit einer schwankenden Inschrift versahen, wie z.B.: »Apelles arbeitete daran«[27], oder »Polykleitos«; gleichsam als ob die Kunst stets nur eine angefangene, keine vollendete wäre, so-dass dem Künstler den verschiedenen Urteilen gegenüber noch eine Ausflucht zur Entschuldigung übrig blieb, in der Absicht, das, was noch fehle, zu verbessern, wenn er nicht unterbrochen wäre. *27* Es zeugt daher von großer Bescheidenheit, dass sie alle ihre Werke wie als ihre neuesten bezeichneten, denen sie durch das Schicksal entrissen wären. Nur drei glaub' ich, sind, laut der Inschrift: »Der und der machte sie«[28], als vollendete bezeichnet, und auf diese werde ich gehörigen Orts[29] zurückkommen. Wir ersehen aus diesen Worten, dass der Verfertiger seiner Kunst völlig sicher zu sein glaubte, und darum tragen alle dergleichen Kunstwerke das Gepräge der Prahlerei.

28 Ich gestehe, dass ich meinem Werk noch vieles hätte hinzufügen können, und nicht bloß diesem allein, sondern allen, welche ich verfasst habe, um mich vor jenen Homergeißlern[30] (wie ich sie mit Recht nennen möchte) zu hüten, weil ich vernehme, dass auch die Stoiker, Dialektiker und Epikureer (denn von den Grammatikern habe ich das immer erwartet) gegen meine Schriften über die Grammatik zu Felde ziehen und seit zehn Jahren nichts als unzeitige Geburten zur Welt bringen, während selbst die Elefanten schneller gebären. *29* Aber ich müsste ja nicht wissen, dass gegen Theophrastus, einen Mann, der sich wegen seiner ausgezeichneten Beredsamkeit einen

---

27 Faciebat.
28 Fecit.
29 Im XXXV. Buch.
30 Homeromastigae, ungerechte Tadler.

göttlichen Namen erwarb[31], sogar eine Frau geschrieben hat, und dass sich daher das Sprichwort datiert: man solle sich einen Baum zum Erhängen aussuchen. *30* Ich kann mich nicht enthalten, wenigstens die hierher passenden Worte des Zensors Cato[32] anzuführen, damit man daraus entnehme, wie sogar gegen ihn (der unter dem Africanus, ja unter Hannibal die Kriegskunst erlernt hatte, der nicht einmal den als Feldherrn im Triumph eingezogenen Africanus leiden konnte), als er über das Kriegswesen schrieb, Leute bereit waren, durch Schmähung einer ihnen fremden Wissenschaft sich selbst einen Ruhm zu erwerben. Denn was sagt er in jenem Buch? »Ich weiß, dass viele die Schriften, sobald sie der Öffentlichkeit übergeben sind, verspotten werden; jene sind aber meistens von der Art, dass sie des wahren Lobes ermangeln; ich lasse daher ihre Reden unbeachtet vorübergehen.« *31* Ebenso passend drückte sich Plancus aus, als es hieß, Asinius Pollio[33] verfasse Reden gegen ihn, welche von ihm oder seinen Kindern erst nach Plancus' Tod herausgegeben werden sollten, damit er nichts dagegen erwidern könne: »Nur Gespenster stritten mit Toten.« Durch diese Worte entkräftete er sie so, dass sie bei den Gelehrten für ein unverschämtes Machwerk gehalten wurden. *32* Ich werde daher, unbekümmert um die Fehlerankläger[34], wie sie Cato treffend bezeichnet (denn was tun sie anders als anklagen oder Streit suchen?), das begonnene Werk vollenden.

33 In Berücksichtigung Deiner Geschäfte, die ich als ein öffentliches Gut schonen muss, habe ich den Inhalt der einzelnen Bücher diesem Schreiben beigefügt, und die größte Sorgfalt darauf verwendet, um Dir das Durchlesen der Bücher zu erspa-

---

31 Er hieß ursprünglich Tyrtamus, nannte sich dann Euphrastus (der Wohlredner) und endlich sogar Theophrastus (der göttliche Redner). Er stammte aus Eresos auf Lesbos und lebte 392–286 v.Chr.
32 Marcus Porcius Cato der Ältere, berühmter römischer Staatsmann, Redner und Schriftsteller, lebte 232–147 v.Chr. Von seinen zahlreichen Schriften besitzen wir nur noch das Buch über den Landbau.
33 Berühmter Redner und Historiker aus der Zeit des Augustus, dessen Werke sämtlich verloren sind.
34 Vitilitigatores.

ren. Durch Dich[35] werden also auch andere des Durchlesens enthoben; wer aber über irgendetwas nähere Auskunft zu haben wünscht, braucht bloß in jenem Inhaltsverzeichnis nachzusehen, um sogleich zu erfahren, an welcher Stelle es zu finden ist. Vor mir verfuhr in unserer Literatur Valerius Soranus[36] schon auf ähnliche Weise in den Büchern, welche er unter dem Titel Ἐπόπτιδαι[37] herausgegeben hat.

---

35   D.h. wegen der eigentlich nur für dich gemachten Bequemlichkeit.
36   Arzt und Zeitgenosse Ciceros.
37   Übersichten.

Kurzer Inbegriff der Kosmologie des C. Plinius Secundus

Von der Welt und den Elementen

Zusammen: 417 Gegenstände, Erzählungen und Bemerkungen

An römischen Schriftstellern wurden benutzt:

M. Varro, Sulpicius Gallus, der Kaiser Titus, Q. Tubero, Tullius Tiro, L. Piso, T. Livius, C. Nepos, Sebosus, Cælius Antipater, Fabianus, Antias, Mucianus, Caecina der über etruskische Einrichtungen geschrieben hat, Tarquitius desgleichen, Iulius Aquila desgleichen, Sergius, Paulus

An fremden Schriftstellern:

Plato, Hipparchos, Timaios, Sosigenes, Petosiris, Nechepsos, die Pythagoreer, Posidonios, Anaximander, Epigenes, Gnomonikos, Euclides, der Philosoph Koeranos, Eudoxos, Demokritos, Kritodemos, Thrasyllos, Serapion, Dikaiarchos, Archimedes, Onesikritos, Eratosthenes, Pytheas, Herodotos, Aristoteles, Ktesias, Artemidoros von Ephesos, Isidoros von Charax, Theopompos

Von der Welt und
den Elementen

1. Ob die Welt Grenzen hat und ob sie einzig ist

1 Wir haben Ursache zu glauben, dass die Welt und das, was wir mit einem anderen Namen Himmel nennen, dessen Wölbung alles bedeckt, etwas Göttliches, Ewiges, Unermessliches sei, welches weder erzeugt ist noch untergehen wird. Über dieses hinaus zu forschen, nützt weder dem Menschen, noch vermag sein Geist es deutend zu erfassen. *2* Sie ist heilig, ewig, unermesslich, ganz in dem Ganzen, ja sie ist selbst das Ganze; begrenzt und doch scheinbar unendlich, sicher in allen ihren Teilen und doch scheinbar unsicher; sie umfasst alle Dinge in sich; sie ist zugleich ein Werk der Natur und die Natur selbst.

3 Es war töricht, dass einige über ihre Größe nachdachten und dieselbe auszusprechen wagten; andere wiederum, dies benutzend, von unzähligen Welten redeten, sodass man ebenso viele Naturen, oder, wenn eine alle jene belebte, doch ebenso viele Sonnen, ebenso viele Monde und die übrigen unermesslichen und unzähligen Gestirne in einer annehmen müsste; als wenn nicht, bei dem Wunsch nach einem Ziel, am Ende des Nachdenkens dieselbe Frage immer wiederkehrte, oder, wenn diese Unendlichkeit der Natur dem Urheber aller Dinge zugeschrieben werden könnte, sich jenes nicht leichter an einem einzigen, so großen Werk erkennen ließe. *4* Unsinn, wahrer Unsinn ist es, noch weiter zu gehen und nach Dingen zu forschen, welche außer ihr liegen, als wäre ihr ganzer Inhalt schon völlig bekannt, gerade als ob jemand das Maß von einem Gegenstand, den er noch nicht kennt, ausmitteln, oder der menschliche Geist etwas erspähen wollte, was die Welt selbst nicht umfasst.

2. Von ihrer Gestalt

5 Dass ihre Gestalt die einer vollkommenen Kugel sei, lehren besonders ihr Name und die Übereinstimmung aller Völker darin, dass sie sie *orbis* (Kugel) nennen, dann aber auch die in ihr selbst liegenden Beweise. Denn eine solche Figur neigt sich in allen ihren Teilen zu sich selbst, muss sich selbst tragen, schließt sich ein und hält sich ohne Beihilfe von Banden, hat kein Ende und keinen Anfang in allen ihren Teilen; sie ist ferner für die Bewegung, worin sie sich, wie wir bald zeigen werden, beständig drehen muss, die schicklichste Form. Endlich lehrt es auch der Augenschein, weil sie gewölbt ist, und man überall in der Mitte sich befindet, was bei einer anderen Figur nicht möglich wäre.

3. Von ihrer Bewegung und warum sie mundus genannt wird

6 Der Auf- und Untergang der Sonne setzen es außer Zweifel, dass die so gestaltete Welt im ewigen ununterbrochenen Umlauf mit unbeschreiblicher Schnelligkeit ihre Bahn in 24 Stunden vollendet. Ob durch den beständigen Umschwung einer solchen Last ein außerordentliches und über unser Hörvermögen hinausgehendes Geräusch entsteht, kann ich ebenso wenig behaupten, wie dass das Getön der umeinander wandelnden und im Kreis sich drehenden Gestirne eine liebliche und von unglaublicher Anmut begleitete Harmonie sei. Für uns, die wir mitten darin leben, verfolgt die Welt Tag und Nacht ihren Lauf ruhig. **7** Dass ihr unzählige Gestalten von Tieren und Gegenständen aller Art aufgedrückt sind, und dass sie nicht, wie wir von den Eiern der Vögel wahrnehmen, ein völlig glatter Körper ist, wie doch sehr berühmte Schriftsteller behauptet haben,[1] geht aus vielen Gründen hervor; denn aus den von dort herabgefallenen und meistens vermischten Samen aller Dinge entstehen besonders im Meer

---

1   Wahrscheinlich Plato im Timaios und Cic. De nat. Deor. II. 18.

unzählige wunderbare Gestalten. Außerdem erblicken wir mitten in einem helleren Kreis[2] über uns, hier die Gestalt eines Wagens, dort eines Bären, dort eines Stieres, dort eines Buchstaben.[3] Ich werde hier noch an die einstimmige Meinung der Völker erinnert. *8* Denn, was die Griechen κόσμος oder Schmuck nennen, das nennen auch wir wegen ihrer vollkommenen Schönheit *mundus*. Den Himmel aber hat man nach der Erklärung M. Varros[4] von der getriebenen Arbeit *caelum* genannt. *9* Dies beweist noch die Ordnung der Gegenstände an dem sogenannten Tierkreis, der in 12 Tierbilder geteilt ist, und die so viele Jahrhunderte lang durch jene Bilder gleichmäßig gehende Bahn der Sonne.

4. Von den Elementen und den Planeten

10 Auch über die Existenz von vier Elementen[5] scheint kein Zweifel zu obwalten. Das höchste ist das *Feuer;* davon entstand jene gleich Augen schimmernde Menge von Sternen. Nächstens kommt die *Luft*, welche die Griechen und wir mit ein und demselben Worte *aër (ἀήρ)* nennen. Sie ist das Belebende, alles Durchdringende und mit allem in Verbindung Stehende; durch ihre Kraft getragen schwebt die *Erde* in der Mitte der Welt, mit dem vierten Element, dem *Wasser*. *11* So wird durch wechselseitige Verbindung Verschiedenartiges verknüpft, das Leichtere durch Gewichte gehindert zu entfliehen und das Schwere, damit es nicht herabstürze, in leichter Spannung in der Luft gehalten. Ein gleichmäßiges Streben nach verschiedenen Richtungen bewirkt, dass jedes der vier Elemente durch seine eigene Kraft besteht und durch den ununterbrochenen Umschwung der Welt selbst zusammengehalten wird. Während diese nun beständig um sich

---

2 Die Milchstraße.
3 Das in Form des griechischen Delta aus 3 Sternen bestehende hell leuchtende Sternbild in der Kassiopeia.
4 De lingua Latina IV. B., 3. Kap. – M. Terentius Varro, der gelehrteste Römer seiner Zeit, wurde 116 v.Chr. geboren und starb 27 v.Chr.
5 Nach der Lehre des sizilianischen Philosophen Empedokles (zu Agrigent um 440 v.Chr.).

schwingt, bildet die Erde den innersten und mittleren Teil des Weltalls, in dessen Achse sie schwebt, und dem Medium, welches sie trägt, das Gleichgewicht haltend. Sie allein ist unbeweglich,[6] während die übrigen Himmelskörper sich um sie wälzen, sie umschlingen und sich zu ihr neigen. *12* Zwischen der Erde und dem Himmel schweben in derselben Luft, und durch bestimmte Räume getrennt, sieben Gestirne,[7] die wir wegen ihres Laufs *errantia* (Wandelsterne, Planeten) nennen, obgleich sie doch nichts weniger als irren (*errare*). Von ihnen befindet sich die Sonne, ein Gestirn umfassendster Größe und Macht, in der Mitte, unter deren Einfluss nicht nur die Zeiten und Länder, sondern auch die Sterne und der Himmel selbst stehen. *13* Wohl ziemt es uns daher, in Anerkennung ihrer Wirkungen, sie für die Seele der ganzen Welt zu halten, ihr die höchste Herrschaft der Natur und göttliche Kraft beizulegen. Sie gibt den Gegenständen das Licht und verscheucht die Finsternis; sie verdunkelt durch ihren Schimmer die übrigen Gestirne; sie bestimmt den Wechsel der Jahreszeiten und das nach Naturgesetzen sich immer wieder erneuernde Jahr; sie zerstreut die Düsterheit des Himmels, und erheitert selbst das traurige Gemüt des Menschen; sie gibt auch den übrigen Sternen ihr Licht. Sie ist herrlich, über alles erhaben, allsehend und allhörend, wie Homer,[8] der Vater der Gelehrsamkeit, an einer Stelle[9] so schön sagt.

---

6 Eine im Altertum oft vorkommende, aber auch ebenso oft bestrittene Behauptung. Plato, Aristoteles und Ptolemaios stellten sich die Erde weder als rotierend noch fortschreitend, sondern als unbeweglich im Mittelpunkt stehend, vor. Nach dem Bericht des Philolaos aus Kroton lehrten die Pythagoreer die fortschreitende Bewegung der nicht rotierenden Erde, ihren Kreislauf um den Weltenherd (das Zentralfeuer, Hestia). Hiketes aus Syrakus, der jedenfalls älter als Theophrast ist, Heraklides aus Pontos und Ekphantos kannten die Achsendrehung der Erde; aber nur Aristarchus von Samos und besonders Seleukos der Babylonier, etwa 150 Jahre nach Alexander, wussten, dass die Erde nicht nur rotiere, sondern sich zugleich auch um die Sonne, als das Zentrum des ganzen Planetensystems, bewege.
7 Saturn, Jupiter, Mars, Sonne, Venus, Merkur und Luna (Mond).
8 Der allbekannte griechische Dichter, über dessen Lebensverhältnisse wir nichts Näheres wissen.
9 Ilias III. B., 277.V.

5. Von Gott

14 Ich halte es daher für ein Zeichen menschlicher Schwäche, das Bild und die Gestalt Gottes zu erforschen. Wer auch Gott ist, wenn es noch einen gibt und wo er sich befindet, so ist er ganz Sinn, Gesicht, Gehör, Seele, Geist und ganz er selbst. Aber an unzählige Götter glauben und sogar nach den Tugenden und Lastern der Menschen an einen Gott der Schamhaftigkeit, Eintracht, Klugheit, Hoffnung, Ehre, Milde, Treue, oder (wie Demokrit[10] sagt) an zwei, ein Wesen der Bestrafung und Belohnung, zeugt von einem noch größeren Unverstand. *15* Die gebrechlichen und mühseligen Menschen haben, ihrer Schwachheit eingedenk, die Gottheit in Teile geteilt, damit ein jeder den Teil verehre, dessen er am meisten bedarf. Daher finden wir bei anderen Völkern andere Namen von zahllosen Göttern; auch sind unterirdische Dinge, Krankheiten und viele böse Seuchen in Gattungen geteilt, weil wir sie in zagender Furcht besänftigt wissen möchten.

16 So hat man auf dem palatinischen Berg einen Tempel des Fiebers, einen Tempel der Laren[11], einen Altar für die Orbona[12] und für das böse Geschick einen auf dem esquilinischen Hügel eingeweiht. Die Zahl der Götter muss größer als die der Menschen ausfallen, weil ein jeder für sich so viele Götter macht, indem er sich eine Juno[13] oder einen Genius[14] wählt. Gewisse Völker aber halten Tiere, und sogar schmutzige, desgleichen viele Dinge, die ich mich zu nennen schäme, für Götter, und schwören bei stinkenden Speisen und ähnlichen Sachen. *17* Dass man aber glaubt, unter den Göttern fänden Ehen statt, aus welchen in langer Zeit keine Kinder geboren würden; ferner, einige von ihnen seien sehr alt und immer Greise, andere Jünglinge und Knaben, von schwarzer Farbe, geflügelt, lahm, aus einem Ei gekommen, abwechselnd

---

10 Von Abdera, lebte 469–361 v.Chr.
11 Hausgötter, sie wurden aber auch öffentlich verehrt.
12 Göttin der Eltern, die ihrer Kinder beraubt sind.
13 Junonen hießen die Schutzgeister des weiblichen Geschlechts.
14 Genien waren die Schutzgeister des männlichen Geschlechts.

einen Tag lebendig und tot, das grenzt an kindischen Wahnsinn. Allein alle Unverschämtheit übersteigt es, wenn man Ehebruch, Zank, Hass unter ihnen, ja sogar Gottheiten des Diebstahls und der Verbrechen annimmt.

18 Wer dem Sterblichen hilft, der ist ihm ein Gott, und das ist der Weg zum ewigen Ruhm. Ihn gingen die berühmtesten Römer, ihn wandelt jetzt im himmlischen Schritt mit seinen Kindern der größte Herrscher unsers Zeitalters, Vespasianus Augustus, als ein Retter in der Not. *19* Das ist die älteste Sitte, dass man sehr verdiente Männer, um sich ihnen dankbar zu erweisen, unter die Götter versetzt. So sind auch die Namen aller übrigen Götter und der oben genannten Gestirne von verdienstvollen Männern entstanden. Wer sollte es nicht natürlich finden, dass es einen Jupiter oder Merkur oder andere anders benannte gegeben habe und dass ein himmlisches Namensverzeichnis existiere? *20* Lächerlich aber ist die Behauptung, dass ein höchstes Wesen sich um die Angelegenheiten der Menschen kümmere. Sollen wir nicht glauben, dass es durch ein so trauriges und vielseitiges Amt entehrt werde?[15] Es ist in der Tat zu bezweifeln und kaum zu entscheiden, ob es dem menschlichen Geschlecht dienlicher sein würde, wenn einige den Göttern keine oder andere ihnen nur eine Verehrung erzeigen, die ihnen zur Schande gereicht. *21* Diese dienen auswärtigen heiligen Gebräuchen, tragen Götter an den Fingern, verdammen wohl gar die Ungeheuer, welche verehrt werden, ersinnen Speiseopfer und behandeln sie tyrannisch, indem sie ihnen nicht einmal ruhigen Schlaf gönnen. Keine Ehen werden eingegangen, keine Kinder gewählt und überhaupt nichts ohne heilige Gebräuche unternommen. Andere betrügen auf dem Capitolium und schwören Meineide beim donnernden Zeus; und ihnen nützen die Schlechtigkeiten, jenen aber bringt ihr heiliges Wesen Strafe.

22 Zwischen diesen beiden Meinungen erdachten sich jedoch die Sterblichen eine mittlere Gottheit, damit ja die Verwirrung

---

15 Dies war die Meinung Epikurs, zu dessen Lehren sich Plinius bekannte.

recht vollständig sei. In der ganzen Welt, an jedem Ort und zu jeder Stunde wird nämlich von allen Stimmen die Fortuna allein angerufen und genannt; sie allein wird angeklagt, beschuldigt, nur an sie gedacht, nur sie gelobt und getadelt und mit Schimpfen verehrt. Man hält sie für veränderlich, größtenteils aber für blind, für unstet, unbeständig, unsicher, wankelmütig und für eine Gönnerin Unwürdiger. Ihr werden alle Ausgaben, ihr alle Einnahmen zugeschrieben, und in dem Rechnungsbuch der Sterblichen füllt sie allein beide Seiten aus. So sehr sind wir also dem Zufall unterworfen, dass dieser selbst als Gott gilt, und dieser Gott daher für unzuverlässig gehalten wird.

23 Andere verwerfen auch diese Ansicht und schreiben alle Begebenheiten ihrem Gestirn und dessen Stand bei der Geburt zu; sie glauben, alles Zukünftige sei von Gott ein für alle Mal beschlossen, um das Übrige kümmere er sich nicht. Diese Meinung fängt an, Eingang zu gewinnen, und die gelehrte sowie die rohe Menge laufen ihr zu. *24* Daher entstanden die Warnungen durch Blitze, die Prophezeiungen der Orakel, die Weissagungen der *haruspices* (Eingeweideschauer), und um auch das Geringste zu nennen, die Bedeutung des Niesens bei den Auguren und des Anstoßens mit den Füssen. Der göttliche Augustus[16] erzählt, dass ihm an dem Tag, da ihm ein militärischer Aufstand gefährlich zu werden drohte, der linke Schuh verkehrt angezogen worden sei.[17] *25* Alles dies beweist, dass die Menschen nichts vorher wissen; nur so viel ist gewiss, dass es nichts Gewisses gibt, und dass nichts elender und stolzer ist als der Mensch. Denn die übrigen lebenden Geschöpfe sorgen nur für ihre Nahrung, welche ihnen die gütige Natur freiwillig in reichlicher Menge spendet; schon das eine ist allen Gütern vorzuziehen, dass sie über Ruhm, Geld, Ehrfurcht und den Tod nicht nachdenken.

26 Allein bei alledem dürfen wir aus dem täglichen Leben schließen, dass die Götter sich der menschlichen Angelegen-

---

16 Der bekannte römische Kaiser, Sohn des C. Octavius und der Atia, Großneffe von mütterlicher Seite des Iulius Caesar, geb. 63 v.Chr., gest. 13 n.Chr.
17 Man vergleiche das Leben des Augustus bei Suetonius. XIV. B., 92. Kap.

heiten annehmen, dass die Strafen für die Verbrechen von der so sehr beschäftigten Gottheit zwar etwas aufgeschoben, nie aber unterbleiben werden, und dass der Mensch darum ihm am nächsten stehend geschaffen sei, um sich mit den Tieren nicht auf ein und derselben Stufe der Niedrigkeit zu befinden. *27* Für die unvollkommene Natur des Menschen ist es hingegen der größte Trost, dass selbst Gott nicht allmächtig ist, denn er kann sich weder den Tod antun, wenn er auch will, was er dem Menschen als das beste Mittel bei den großen Mühseligkeiten des Lebens verliehen hat; noch kann er den Sterblichen die Unsterblichkeit verschaffen oder Tote ins Leben zurückrufen; noch machen, dass wer gelebt hat, nicht gelebt habe, wer Ehrenstellen bekleidet hat, sie nicht bekleidet habe; noch hat er ein anderes Recht über die Vergangenheit, als sie zu vergessen. Endlich, damit wir auch durch scherzhafte Beweise die Unvollkommenheit Gottes zeigen, kann er nicht machen, dass zweimal zehn nicht zwanzig sind, und noch viele ähnliche Dinge. Hieraus geht unleugbar die Macht der Natur hervor, und dass sie das sei, was wir Gott nennen. Diese Abschweifung hielt ich für nicht unpassend, da die unaufhörliche Frage über Gott so allgemein verbreitet ist.

6. Von den Gestirnen und dem Lauf der Planeten

28 Wir wollen nun zu den übrigen Gegenständen der Natur zurückkehren. Die Gestirne, welche wir *adficta* (Fixsterne, wörtlich: Angeheftete) genannt haben, sind nicht, wie die gemeine Masse glaubt, den einzelnen Menschen zugeteilt, die hellen den Reichen, die kleinen den Armen, die dunklen den Gebrechlichen, und sie leuchten nicht nach dem Schicksal eines jeden; denn sie entstehen und vergehen nicht mit dem Menschen noch bedeutet ihr Fall, dass jemand sterbe. *29* Wir haben keine so große Gemeinschaft mit dem Himmel, dass dort der Glanz der Gestirne mit uns sterblich ist. Jene geben, wenn sie zu viel Nahrung an Feuchtigkeit mit feuriger Kraft an sich gezogen haben, den Überfluss wieder von sich, und dann glaubt man, sie fallen; etwas Ähnliches nehmen wir an unseren brennenden Öl-Lampen wahr. *30* Übrigens haben die himmlischen Körper eine einzige Dauer, denn sie halten die Welt zusammen und bilden durch dieses Zusammenhalten ein Ganzes. Ihre Gewalt erstreckt sich vorzüglich auf die Erde, und wir kennen sie wegen ihrer Wirkungen, Klarheit und Größe sehr genau, wie ich an seinem Orte zeigen werde. Auch die Lehre von den Himmelskreisen werde ich schicklicher bei der Erde vortragen, da sie ganz dahin passt; nur von der Erfindung des Tierkreises muss hier das Nötige gesagt werden. *31* Der Erste, welcher seine Schiefe[18] erkannt und mithin die Tore dieses Gegenstandes geöffnet hat, soll Anaximander von Milet gewesen sein, zur Zeit der LVIII. Olympiade.[19] Die Zeichen desselben, und zwar zuerst die des Widders und des Schützen, hat Kleostratos[20] entdeckt. Den Kreis selbst aber erkannte Atlas lange vorher. Nun verlassen wir den Himmelskörper selbst und wollen von den übrigen Erscheinungen zwischen Himmel und Erde handeln.

32 Dass das Gestirn, welches Saturnus heißt, am höchsten[21] steht und daher am kleinsten erscheint, auch den größten Kreis beschreibt und in 30 Jahren[22] seine Bahn vollendet, ist gewiss. Aber der Lauf aller Planeten, und unter ihnen der der Sonne und des Mondes, hat eine dem Umlauf der Welt entgegengesetzte Richtung, das heißt, diese geht nach links, während jene immer der Rechten zueilen. *33* Obgleich sie durch die beständige Dre-

---

18 Richtiger die Schiefe der Ekliptik.
19 Die Olympiade war bei den Griechen ein Zeitraum von 4 Jahren und die verbreitetste Zeitrechnung in Griechenland, welche 776 v.Chr. anfing. Die 58. Olympiade entspricht also den Jahren 548–544 v.Chr.
20 Aus Tenedos, um 536 v.Chr.
21 Bis zum Jahr 1781, wo Herschel den Uranus entdeckte, war dieser der entfernteste Planet; seine mittlere Entfernung von der Sonne beträgt 384 Millionen Meilen und er durchläuft seine Bahn in fast 84 Jahren. 1846 beobachtete aber Galle einen noch weit entfernteren, den er Neptun nannte, und dessen Existenz von Leverrier schon vorausgesagt war; derselbe ist von der Sonne über 600 Mill. Meilen entfernt. Inzwischen gilt nicht einmal der 1930 entdeckte Pluto als der äußerste Planet des Sonnensystems.
22 Vielmehr in 29 Jahren und 154 Tagen. Von der Sonne ist er 191 Millionen Meilen entfernt.

hung in ungeheurer Geschwindigkeit von der Welt emporgehalten und gegen Abend hingerissen werden, so behauptet doch ein jeder in entgegengesetzter Richtung seine Bahn. Daher geschieht es, dass die durch die ewige Drehung der Welt an eine Stelle zusammengedrängte Luft, nicht zu einem trägen Ball erstarrt, sondern durch den Gegenstoß der Gestirne zerteilt wird. *34* Der Saturn ist von kalter und starrer Natur. Weit tiefer liegt die Bahn Jupiters, welcher daher auch in schnellerer Bewegung innerhalb von zwölf Jahren seinen Lauf vollendet.[23] Das dritte Gestirn, der Mars, auch Herkules genannt, ist feurig und brennend wegen der Nähe der Sonne und bedarf beinahe zwei Jahre zu seinem Laufe.[24] Durch dessen allzu große Hitze und durch die Kälte des Saturnus erhält der zwischen beiden liegende Jupiter eine gewisse Mäßigung, die ihm wohltätig ist. *35* Dann folgt die in 360 Teile geteilte Sonnenbahn; damit aber die durch sie bewirkten Schatten bei ihrer Rückkehr dieselben bleiben, wurden noch 5¼ Tage hinzugesetzt. Aus diesem Grund bekommt jedes Mal das 5. Jahr noch einen eingeschalteten Tag, um die Zeitrechnung mit dem Lauf der Sonne in Übereinstimmung zu bringen.

36 Unterhalb der Sonne läuft ein großer Stern, die Venus,[25] mit abwechselnder Bahn,[26] und wetteifert durch ihre Beinamen mit der Sonne und dem Mond. Erscheint sie nämlich vor Tagesanbruch, so heißt sie Luzifer, weil sie als eine zweite Sonne den Tag früher bringt; leuchtet sie aber vom Sonnenuntergang an, so heißt sie Vesper, weil sie den Tag verlängert und die Stelle des Mondes vertritt. *37* Pythagoras[27] von Samos erkannte zuerst das Verhältnis,

---

23 Er vollendet seine Bahn in 11 Jahren und 312 Tagen und ist 104 Millionen Meilen von der Sonne entfernt.
24 Er vollendet seinen Lauf in einem Jahr 322 Tagen und ist 228,8 Millionen km von der Sonne entfernt. Zwischen dem Jupiter und dem Mars entdeckte man 1801–1807 vier kleine Planeten, Ceres (1801), Pallas (1802), Juno (1804), Vesta (1807), denen man den gemeinschaftlichen Namen Asteroiden gab. Seit 1845 haben sich die Entdeckungen von Asteroiden so vermehrt, dass deren Anzahl bereits auf 200 gestiegen ist.
25 Sie ist etwa der Erde an Größe gleich; der größte Planet ist der Jupiter.
26 D.h. sie geht bald vor der Sonne, bald folgt sie ihr nach.
27 Schüler des Pherekydes, Sohn des Mnesarchos, geb. um 584 v.Chr., starb 79–80 Jahre alt zu Metapontum.

ungefähr um die XXXII. Olympiade, das ist im 113. Jahre der Stadt Rom. Schon an Größe übertrifft sie alle anderen Gestirne,[28] und ihre Helligkeit ist so bedeutend, dass durch ihre Strahlen Schatten entstehen. Daher hat sie auch viele Namen. Einige haben sie Juno, andere Isis, andere die Mutter der Götter genannt. **38** Durch sie wird alles auf der Erde erzeugt; denn indem sie bei ihrem zweifachen Aufgang einen belebenden Tau spendet, befruchtet sie nicht nur die Erde, sondern reizt auch alle lebenden Wesen in gleicher Weise an. Sie vollendet ihren Lauf in 348 Tagen und ist nach Timaios[29] nie weiter als 46 Grade von der Sonne entfernt.[30]

39 Auf ähnliche Weise, aber von weit geringerer Größe und Kraft, befindet sich ihr zunächst das Gestirn des Merkurs, der von einigen auch Apollo genannt wird. Er vollendet seine niedrigere Bahn in einem um neun Tage kürzeren Zeitraum, leuchtet bald vor Sonnenaufgang, bald nach Sonnenuntergang und ist niemals weiter als 22 Grad[31] von der Sonne entfernt, nach dem Zeugnis eben desselben[32] und des Sosigenes.[33] Daher haben auch diese Gestirne eine eigentümliche, von den oben genannten Gestirnen verschiedene Beschaffenheit; **40** denn sie sind um den vierten und den dritten Teil des Himmels von der Sonne entfernt, stehen ihr oft gegenüber und beschreiben sämtlich andere Bahnen bei vollkommener Umdrehung, von denen wir bei Betrachtung des großen Jahres reden wollen.

41 Aber alle Bewunderung übertrifft das letzte Gestirn, welches auf der Erde am bekanntesten ist, und das die Natur zur Verscheuchung der Finsternis erfand: der Mond. Durch seinen vielartigen Lauf setzte er den Geist der Beobachter und derjenigen, welche es unter ihrer Würde hielten, das nächste Gestirn nicht zu kennen,

---

28 Was natürlich ganz irrig ist.

29 Pythagoreer aus Lokroi um 400 v.Chr., schrieb über Physik und Mathematik.

30 Die Entfernung beträgt 108,75 Millionen km von der Sonne, und sie vollendet ihren Umlauf in 224 Tagen 16 Stunden.

31 58,5 Millionen km beträgt sein Abstand von der Sonne und seine Umlaufzeit 88 Tage.

32 Timaios.

33 Er lebte in Alexandrien und berichtigte auf Caesars Veranlassung den Kalender.

auf die Probe, indem er beständig zu- oder abnimmt. *42* Denn bald ist er in zwei Hörner gekrümmt, bald gleich geteilt, bald ein ganzer Kreis; einmal fleckig und plötzlich wieder glänzend, bald bildet er eine außerordentlich große Scheibe, bald ist er unsichtbar; zuweilen scheint er die ganze Nacht hindurch, zuweilen nur des Abends spät und unterstützt einen Teil des Tages das Licht der Sonne; bald ist er verfinstert und bleibt doch während der Verfinsterung sichtbar; gegen Ende des Monats ist er verborgen, und doch glaubt man nicht, dass er fehlt. *43* Er ist bald hoch, bald niedrig, und dies nicht einmal immer auf dieselbe Weise, sondern einmal nähert er sich dem Himmel, ein anderes Mal den Bergen, bald steigt er gegen Norden empor, bald senkt er sich gegen Süden. Endymion[34] war von allen Menschen der Erste, welcher diese Erscheinungen einsah, und deshalb, sagt man, soll er sich in den Mond verliebt haben. Wir sind wahrlich nicht dankbar gegen die, welche sich bemühten, uns über dieses Licht aufzuklären; und eine wunderbare Krankheit des menschlichen Geistes ist es, dass wir lieber Blut und Kriege in den Jahrbüchern aufbewahren, damit die Schlechtigkeiten der Menschen denen, welche von der Welt nichts wissen, bekannt werden.

44 Der Mond ist also dem Mittelpunkt der Welt[35] am nächsten, daher vom geringsten Umlauf, und durchläuft in $27\frac{1}{3}$ Tagen denselben Raum, wozu das höchste Gestirn, der Saturn, wie gesagt, 30 Jahre gebraucht. Darauf verweilt er zwei Tage lang in Zusammenkunft[36] mit der Sonne und fängt spätestens am 30. Tage seinen Lauf wieder ebenso an. Ich weiß nicht, ob er nicht der Leiter für alles, was wir am Himmel erkennen konnten, war, *45* und veranlasste, dass das Jahr in 12 Monate geteilt wurde, da er selbst ebenso viele Male die zu dem Anfangspunkt ihres Laufs zurückkehrende Sonne erreicht. Von dem Schimmer der Sonne werden der Mond sowie alle übrigen Gestirne regiert, sie

---

34 Sohn des Aëthlios und der Kalyke, war Hirt und kam aus Thessalien mit einer Kolonie nach Elis.
35 Worunter bekanntlich Plinius die Erde versteht.
36 Konjunktion genannt.

leuchten mit dem von ihr entlehnten Licht ganz auf eben die Weise, wie wir ein Licht aus dem Wasser zurückspiegeln sehen; weswegen er mit seiner milderen und schwächeren Kraft die Feuchtigkeit nur auflöst, ja wohl gar vermehrt, welche die Sonnenstrahlen verzehren. Er hat ein ungleiches Licht, weil er nur in der der Sonne entgegengesetzten Stellung voll ist, an den übrigen Tagen aber nur so viel von sich sehen lässt, wie er selbst von der Sonne erhält. *46* Bei der Zusammenkunft[37] sieht man ihn nicht, weil er alles auf der entgegengesetzten Seite empfangene Licht dahin zurückschickt, woher er es bekommen hat. Die Gestirne werden ohne Zweifel von der irdischen Feuchtigkeit ernährt; bei halber Scheibe erscheint er zuweilen fleckig, weil dann seine Kraft nicht hinreichend ist, um alles aufzunehmen, denn die Flecken sind nichts anderes als Unreinigkeiten, die er mithilfe der Feuchtigkeit von der Erde aufgenommen hat. Seine Verfinsterungen und diejenigen der Sonne, eine der bewunderungswürdigsten und wunderbarsten Erscheinungen in der Natur, zeigen durch die entstehenden Schatten die Größe dieser Weltkörper an.

7. Von den Mond- und Sonnenfinsternissen und von der Nacht

47 Es ist nämlich klar, dass die Sonne durch das Dazwischentreten des Mondes und der Mond durch das Dazwischentreten der Erde uns unsichtbar werden, sodass dort die Sonnenstrahlen durch den Mond der Erde, hier aber durch die Erde dem Mond entzogen werden. Tritt Letzterer vor die Sonne, so entsteht plötzlich Dunkelheit, und wiederum wird durch den Schatten der Erde jenes Gestirn verfinstert. Auch ist die Nacht nichts anderes als der Schatten der Erde. Die Gestalt dieses Schattens ist wie die Meta[38] oder ein umgekehrter Kreisel beschaffen; nur sein oberster Teil trifft in den

---

37 D.h. bei Neumond oder Konjunktion.
38 Die am Ende des römischen Circus befindliche Spitzsäule, um welche die Wettfahrenden herumfuhren.

Mond und geht nicht darüber hinaus, weil kein anderes Gestirn dadurch[39] verdunkelt wird, und eine solche Figur keine Spitze hat. *48* Die höchsten Flüge der Vögel bezeugen nämlich, dass der Schatten durch die Entfernung abnimmt und endlich ganz aufhört. Daher ist die Grenze des Schattens auch die der Luft und der Anfang des Äthers. Über den Mond hinaus herrscht durchaus reines und beständiges Licht.[40] Wir sehen des Nachts die Gestirne, gleichwie Lichter aus der Finsternis, und eben deshalb wird der Mond nur des Nachts verfinstert. Beide Arten von Finsternissen treten aber, wegen der schiefen Lage des Tierkreises, wegen der schon besprochenen, sehr abweichenden Bahn des Mondes und der nicht immer auf die kleinsten Teilchen zusammentreffenden Bewegung der Gestirne, nicht zu bestimmten Zeiten und Monaten ein.

8. Von der Größe der Gestirne

49 Diese Betrachtung erhebt die sterblichen Seelen in den Himmel, und offenbart ihnen von da aus die Größe der drei größten Naturkörper. Es könnte nämlich die Sonne nicht ganz der Erde entzogen werden durch das Dazwischentreten des Mondes, wenn die Erde größer wäre als der Mond. Der ungeheure, sowohl die Erde als den Mond übertreffende Umfang der Sonne ergibt sich von selbst, und es ist daher unnötig, ihre Größe durch den Augenschein und durch Vermutungen zu erforschen. *50* Sie ist unermesslich groß, denn sie wirft die Schatten der an den Wegen auf mehrere 1000 Schritte hin stehenden Bäume immer in gleichen Entfernungen voneinander, als wenn sie überall im Mittelpunkt wäre; ferner bei der Tagundnachtgleiche allen Bewohnern der heißen Zone zugleich über dem Scheitel, und die Schatten der um die Wendekreise Wohnenden fallen mittags gegen Norden, und morgens gegen Westen. All dies könnte nicht eintreten, wenn

---

39 Durch das Dazwischentreten der Erde.
40 Man weiß jetzt, dass auch andere Planeten, z.B. Jupiter und Saturn, durch den Durchgang ihrer Trabanten zwischen ihnen und der Sonne verdunkelt werden.

die Sonne nicht weit größer wäre, als die Erde; auch würde sie bei ihrem Aufgang den Berg Ida nicht an Breite übertreffen, während sie bei so ungeheurer Entfernung doch die rechte und linke Seite desselben bescheint.

51 Die Mondfinsternis ist ein unzweideutiger Beweis ihrer Größe, so wie sich aus der Verfinsterung der Sonne die Kleinheit der Erde ergibt. Denn da drei verschiedene Gestalten des Schattens entstehen können und es gewiss ist, dass, wenn der Körper, welcher den Schatten wirft, dem Licht an Größe gleicht, ein säulenförmiger Schatten ohne Ende entsteht; dass aber, wenn der Körper größer als das Licht ist, der Schatten die Gestalt eines Kreisels hat, dessen unterster Teil am schmalsten, dessen Länge aber ebenfalls unendlich ist; und ist der Körper kleiner als das Licht, der Schatten sich als eine, nach der Spitze zu abnehmende Säule zeigt, wie z.B. bei der Mondfinsternis, *52* so erhellt auf unzweideutige Weise, dass die Erde von der Sonne an Größe übertroffen wird. Auch in der Natur finden wir schweigende Beweise dafür; denn warum entfernt sich im Winter die Sonne von der Erde? Um durch das Dunkel der Nächte die Erde zu erquicken, welche sie sonst zweifellos verbrennen würde, was auch in gewissen Teilen der Erde geschieht. So bedeutend ist ihre Größe.

9. Wer alle diese Entdeckungen am Himmel zuerst gemacht hat

53 Die Ursache beider Verfinsterungen hat unter den Römern zuerst Sulpicius Gallus, der mit Marcellus Konsul war, bekannt gemacht;[41] er war damals noch Kriegstribun, und befreite, als ihn der Feldherr den Tag vor dem Sieg des Paullus über den König Perseus zur Vorhersage der Finsternis öffentlich aufforderte, das Heer von der Furcht; nachher hat er ein Werk darüber geschrieben. Unter den Griechen erforschte Thales[42] von Milet jenen

---

41 Im Jahre Roms 584 (166 v.Chr.); vgl. Liv. 44. B., 37. Kap.
42 Einer der sieben Weisen Griechenlands, geb. 648 v.Chr.; gest. 568.

Gegenstand zuerst; er sagte im 4. Jahre der XLVIII. Olympiade eine Sonnenfinsternis vorher, welche unter dem König Alyattes,[43] im 170. Jahre Roms erfolgte. Nachher hat Hipparchos[44] den Lauf beider Gestirne auf 600 Jahre vorausgesagt, wobei er zugleich die Zeitrechnung, Tage, Stunden, die Lage der Orte und die Art, wie den verschiedenen Völkern dies alles erscheinen würde, mit berücksichtigte. Nach der Meinung seines Zeitalters bewerkstelligte er sein Vorhaben dadurch, dass er an den Ratschlüssen der Natur teilnahm. *54* Groß und über die Natur erhaben waren diese Männer, welche den schwachen Geist der Menschen, der bei den Finsternissen schwere Unglücksfälle oder den Untergang der Gestirne fürchtete, von diesem Wahn befreiten. Dass aber die Menschen sich bei Sonnenfinsternissen gefürchtet haben, beweisen die erhabenen Gesänge der Dichter Stesichoros[45] und Pindar;[46] man beschuldigte den Mond der Zauberei und wollte durch heftiges Geräusch die Gefahr abwenden. Aus gleicher Furcht und unbekannt mit der wahren Ursache wagte es der athenische Feldherr Nikias[47] nicht, die Flotte aus dem Hafen zu führen, und veranlasste dadurch die Niederlage seiner Truppen. Dank daher eurem Scharfsinn, ihr Deuter des Himmels, die ihr die Natur der Dinge erfasst, die Gründe erforscht und dadurch Götter und Menschen besiegt habt! *55* Denn sollte der, welcher alles dieses und die sogenannten beständigen Arbeiten der Gestirne[48] erkennt, nicht die Notwendigkeit seiner Sterblichkeit einsehen?

Jetzt will ich die Ansichten über alle diese Erscheinungen in einzelnen Abschnitten kurz berühren, und an den Orten, wo es notwendig erscheint, die Gründe bündig hinzufügen; denn erstens liegt eine solche Beweisführung nicht in dem Plan meines

---

43 Vater des Kroisos, König von Lydien.
44 Aus Nikaia in Bithynien, gest. um 125 v.Chr.
45 Aus Himera in Sizilien, lebte 555–600 v.Chr.
46 Aus Theben in Griechenland, lebte von 520–442 v.Chr.
47 Er versäumte, von Syrakus abzufahren, und wurde von den Syrakusanern gänzlich geschlagen. Vgl. Plutarch 33. Kap. und 34. Kap.; Thukydides VII. B., 50. Kap.
48 Vergil Aeneis I. B., 746. Kap.

Werkes, und zweitens ist es weniger zu verwundern, dass wir nicht die Ursachen von allen Dingen angeben können, als dass wir es bei einigen imstande sind.

10. Wann die Sonnen- und Mondfinsternisse wiederkehren

56 Es ist ausgemacht, dass die Verfinsterungen nach 223 Monaten wiederkehren, dass eine Sonnenfinsternis nur im Neumond, was man die Zusammenkunft[49] nennt, eine Mondfinsternis aber nur bei Vollmond, und zwar immer wenn er beinahe voll ist, entsteht. Alljährlich treten diese Verfinsterungen beider Gestirne an bestimmten Tagen und Stunden auf der Erde ein. Da sie aber über uns entstehen, so können sie teils wegen der Wolken und teils, weil wegen der Kugelgestalt der Erde das Gewölbe des Himmels nur stellenweise zu sehen ist, nicht allenthalben beobachtet werden. **57** Hipparchus hat, von 200-jährigen Erfahrungen unterstützt, auf eine scharfsinnige Weise dargetan, dass eine Mondfinsternis gewöhnlich im 5. Monat, eine Sonnenfinsternis im 7. Monat nach der vorigen erfolgt; ferner, dass diese Verfinsterung zweimal in 30 Tagen auf der Erde entsteht, aber bald hier, bald dort gesehen wird. Das Wunderbarste dabei ist, dass der Mond durch den Schatten der Erde bald auf seiner westlichen, bald auf seiner östlichen Seite verdunkelt wird. Und wie wird die einmal vorgekommene Erscheinung, dass der Mond beim Untergang der Sonne sich verfinsterte, während beide Gestirne noch über dem Horizont standen, zu erklären sein, da doch jener verdunkelnde Schatten beim Aufgang der Sonne unter die Erde hätte fallen müssen? Denn, dass beide Gestirne innerhalb 15 Tagen am Himmel vermisst wurden, hat sich in unserer Zeit, als der Kaiser Vespasian zum dritten und sein Sohn zum zweiten Mal Konsuln waren, zugetragen.[50]

---

49 Mit der Sonne.
50 Im Jahre Roms 825 (71 n.Chr.), wo am 8. Februar eine Sonnen- und am 22. Februar eine Mondfinsternis stattfand.

11. Von dem Lauf des Mondes

58 Dass der Mond stets seine Spitzen von der Sonne ab und gegen Osten wendet, wenn er zunimmt, nach Westen aber, wenn er abnimmt, ist außer Zweifel. Bis er voll wird, scheint er täglich um mehr als ¾ Stunden[51] länger, wenn er abnimmt, um so viel kürzer. Innerhalb 14 Grade der Sonne ist er stets unsichtbar. Hierin haben wir den Beweis, dass die übrigen Planeten größer sind als der Mond, da jene auch bei sieben Graden sich zeigen. Nur ihre Höhe macht, dass sie kleiner erscheinen. Ebenso verhindert der Sonnenschein, dass wir die Fixsterne am Tag sehen, obgleich sie bei Tag und Nacht leuchten, was sich aus den Beobachtungen während der Sonnenfinsternisse und in tiefen Brunnen ergibt.

12. Der Lauf der Planeten und die Gesetze ihres Leuchtens

59 Die drei Planeten, welche, wie oben gesagt wurde, über der Sonne stehen, sind unsichtbar, wenn sie mit ihr zusammenkommen. Sie erscheinen aber früh morgens wieder, sobald sie nur um elf Grade wieder entfernt sind. Darauf werden sie von den Sonnenstrahlen bedeckt, und halten im Gedrittschein, nämlich 120 Grade von der Sonne entfernt, ihren Frühstand, welchen man auch den ersten nennt; auf der entgegengesetzten Seite erfolgt in einer Entfernung von 180 Graden ihr Abendaufgang. Nähern sie sich aber wieder auf 120 Grade von der anderen Seite, so halten sie ihren Abendstand, oder den zweiten; bis die Sonne sie in einer Nähe von 12 Graden verdunkelt, was dann der Abenduntergang heißt.

60 Der Mars, welcher der Sonne näher ist, empfindet auch im Geviertschein, d.h. in einem Abstand von 90 Graden ihre Strahlen, daher hat seine Bewegung den Namen »erste und zweite

---

51   47½ Minuten.

Neunziger-Bewegung«, von beiden Aufgängen an gerechnet, bekommen. Wenn er seinen Stillstand hält, verweilt er sechs Monate in den Zeichen, außerdem nur zwei Monate, während bei den übrigen Planeten beide Stillstände nicht volle vier Monate dauern.

61 Die beiden unteren Planeten[52] werden in der Abend-Zusammenkunft auf gleiche Weise verdunkelt, und halten, nachdem sie die Sonne verlassen, in gleichen Graden ihren Frühaufgang. Von den entferntesten Punkten ihres Abstandes an folgen sie der Sonne, werden, wenn sie sie erreicht, beim Frühuntergang verdeckt und gehen vorbei. Bald darauf gehen sie in derselben Entfernung bis zu den von uns angegebenen Grenzen am Abend auf, kehren von diesen zur Sonne zurück und verschwinden beim Abenduntergang. Die Venus hält auch von beiden Aufgängen an zwei Stillstände, einen früh morgens, den anderen abends, und zwar in den entferntesten Grenzen ihres Abstandes; die Stillstände des Merkurs sind von zu kurzer Dauer, als dass sie wahrgenommen werden könnten.

13. Warum sie zuweilen entfernter, zuweilen näher erscheinen

62 So verhält es sich mit dem Leuchten und den Verfinsterungen der Planeten, Erscheinungen, welche wegen der Art der Bewegung sehr verwickelt und von vielen Wundern begleitet sind, denn sie verändern ihre Größe und Farbe, gehen nach Norden und entfernen sich nach Süden, bald sieht man sie der Erde, bald dem Himmel näher. Wenn wir bei diesen Gegenständen vieles anders, als unsere Vorfahren erklären, so räumen wir doch auch jenen, welche zuerst den Weg zu weiterer Forschung gezeigt haben, ein Verdienst ein. Möge daher niemand zweifeln, dass mit den Zeiten die Kenntnisse zunehmen. *63* Alle diese Erscheinungen beruhen auf mehreren Ursachen.

---

52   Venus und Merkur.

Die erste Ursache liegt in den von den Griechen Apsiden[53] genannten Punkten der Planeten-Bahnen (denn wir werden uns hier
der griechischen Worte bedienen müssen). Eine jede Planetenbahn hat aber ihre eigenen Apsiden, die von denen der Welt verschieden sind; denn die Erde ist von den beiden Scheitelpunkten
aus, welche man Pole nennt, der Mittelpunkt des Himmels und
des Tierkreises, der schief dazwischen liegt. Alles dieses erhellt
aus der stets unzweifelhaften Beschaffenheit des Zirkels. Daher
entstehen zwei Apsiden von jedem der beiden Brennpunkte der
Planetenbahn; aus dieser Ursache haben sie auch verschiedene
Kreise und ungleiche Bewegungen, weil die inneren Apsiden
notwendig kürzer sein müssen. *64* Vom Mittelpunkt der Erde liegt
die entfernteste Apside des Saturn im Skorpion, des Jupiter in
der Jungfrau, des Mars im Löwen, der Sonne in den Zwillingen,
der Venus im Schützen, des Merkurs im Steinbock, und zwar alle
mitten in diesen Zeichen. Auf der entgegengesetzten Seite liegen
die tiefsten und dem Mittelpunkt der Erde nächsten Apsiden.[54]
So geschieht es, dass die Planeten sich langsamer zu bewegen
scheinen, wenn sie die entfernteste Bahn durchlaufen; nicht, weil
sie etwa ihre natürliche Bewegung, welche für sie bestimmt und
jedem eigentümlich ist, beschleunigten oder verzögerten, sondern, weil die von den höchsten Apsiden aus gezogenen Linien
sich notwendig zusammendrängen müssen, wie die Speichen an
den Rädern. Ein und dieselbe Bewegung erscheint also je nach
der Nähe des Mittelpunkts bald größer, bald geringer.

65 Eine zweite Ursache der Höhe der Planeten ist, dass sie ihre
von ihrem eigenen Brennpunkt entferntesten Apsiden in anderen
Zeichen haben, nämlich Saturn im 20. Grade der Waage, Jupiter im
15. des Krebses, Mars im 28. des Steinbocks, die Sonne im 20. des
Widders, Venus im 17. der Fische, Merkur im 15. der Jungfrau, der
Mond im 4. des Stiers.

---

53 Apsiden heißen die beiden Endpunkte der größten Achse in der Ellipse, wo der
    eine von der Sonne am weitesten entfernt, der andere ihr am nächsten ist.
54 Also die des Saturn im Stier, des Jupiters in den Fischen, des Mars im Wassermann,
    der Sonne im Schützen, der Venus in den Zwillingen, des Merkurs im Krebs.

Ein dritter Grund ihrer Höhe ergibt sich aus der Größe des Himmels, nicht der Kreisbahn, indem sie unseren Augen in dem unermesslichen Raum der Luft auf- und abzusteigen scheinen.

66 Mit diesem Grund hängt die der Breite und schiefen Lage des Tierkreises zusammen. Durch ihn wandern die genannten Planeten. Auch wird kein anderer Teil der Erde als der unter ihm liegende bewohnt; die übrigen Teile nach den Polen hin sind wüst. Nur die Venus überschreitet ihn um zwei Grade, und dies mag die Ursache sein, dass einige Tiere selbst in öden Gegenden vorkommen. Auch der Mond geht durch seine ganze Breite, überschreitet dieselbe aber nirgends. Nächstens geht der Merkur am weitesten, doch so, dass er von den zwölf Graden, welche die Breite des Tierkreises ausmachen, nur acht durchläuft, aber auch diese nicht gleichmäßig, sondern zwei mittlere, vier obere und zwei untere. **67** Die Sonne bewegt sich in der Mitte innerhalb von zwei Graden mit gebogenem, schlangenähnlichem Lauf; Mars in den vier mittleren; Jupiter in dem mittleren und den zwei darüber befindlichen; Saturn in den beiden mittleren, wie die Sonne. So verhält es sich mit den Breiten der nach Süden herablaufenden oder nach Norden aufsteigenden Planeten. Viele sind der irrigen Meinung, dass hierauf auch die dritte Ursache der Höhe der von der Erde zum Himmel aufsteigenden Planeten beruhe, und dass auf gleiche Weise auch die Erde emporsteige; um diese zu widerlegen, müssen wir den höchsten und alle Gründe umfassenden Scharfsinn anwenden.

68 Es ist die übereinstimmende Meinung, dass die Planeten beim Abenduntergang, sowohl der Breite als Höhe nach, der Erde am nächsten stehen; dass ihr Morgenaufgang beim Anfang einer jeden Breite und Höhe, und ihre Stillstände in der Mitte ihrer Breiten, welche Ekliptik genannt wird, stattfinden. Ferner hat man zugestanden, dass die Bewegung zunimmt, solange sie der Erde nahe sind, und abnimmt, wenn sie sich von ihr entfernen, was sich am meisten aus den Entfernungen des Mondes erweist. Auch waltet kein Zweifel mehr, dass ihre Bewegung schneller bei den Morgenaufgängen und dass die der obersten Planeten vom ersten

Stillstand bis zum zweiten geringer ist. *69* Unter solchen Umständen ist ihr Steigen in die Breite vom Morgenaufgang an offenbar, weil sie in dieser Stellung zuerst eine langsam zunehmende Bewegung anfangen; sie werden aber in den ersten Stillständen in die Höhe gehen, weil dann zuerst die Zahl abzunehmen beginnt und die Sterne zurückgehen. Den Grund hiervon muss ich noch besonders angeben. Getroffen in dem bereits erwähnten[55] Grade, werden sie durch den Gedrittschein der Sonne an ihrem geraden Lauf verhindert und durch die feurige Kraft in die Höhe gezogen. *70* Dies können wir mit unseren Augen nicht geradezu wahrnehmen, sie scheinen also stillzustehen, und daher kam der Name: Stillstand. Dann geht die Macht jener Strahlen noch weiter, und die zurückprallende Hitze nötigt sie zurückzugehen. Noch weit mehr ist solches der Fall bei ihrem Ableuntergang, wenn die Sonne sich hinter ihnen befindet, denn sie werden zu ihren höchsten Apsiden getrieben und am wenigsten gesehen, weil sie am höchsten stehen und die geringste Bewegung haben, die umso geringer sein muss, wenn sie in den höchsten Zeichen der Apsiden erfolgt. *71* Vom Abendaufgang an geschieht die Bewegung in die Breite herunter, jetzt aber in weniger abnehmender Weise, nimmt jedoch nicht vor dem zweiten Stillstand wieder zu, da auch die Höhe sich vermindert, indem der Strahl von der anderen Seite hinzukommt und sie mit derselben Kraft zur Erde hinabdrückt, welche sie beim ersten Gedrittschein gegen den Himmel hintrieb. So groß ist der Unterschied, wenn die Strahlen von unten oder von oben kommen. Weit öfter ereignet sich dies beim Abendentergang. So verhält es sich mit den oberen Gestirnen; schwieriger ist die Beschaffenheit der übrigen zu ergründen, und noch niemand hat vor mir davon gehandelt.

---

55   Dem 120.

14. Warum ihre Bahnen ungleich sind

72 Zuerst will ich erklären, warum die Venus nie weiter als 46 und Merkur nie weiter als 20 Grade von der Sonne entfernt sind, oft aber noch unter diesen Graden nach der Sonne zurückkehren. Beide haben, da sie unterhalb der Sonne liegen, entgegengesetzte Apsiden, und von ihren Bahnen liegt so viel unterhalb der Erde wie bei den vorerwähnten Planeten oberhalb derselben. Sie können also nicht weiter entfernt sein, weil der Bogen der daselbst befindlichen Apsiden keine größere Ausdehnung hat. Daher bestimmt bei beiden auf ähnliche Weise die Peripherie ihrer Apsiden die Größe der Bahn, und was ihnen an Länge abgeht, wird durch die Ausdehnung in die Breite ersetzt. *73* Aber warum gelangen sie nicht stets zum 46. und 23. Grad? Sie tun es allerdings, nur die gewöhnliche Berechnung betrügt uns; denn es erhellt, dass sich ihre Apsiden auch bewegen, weil sie niemals über die Sonne kommen. Wenn daher die Grenzen der Apsiden auf der einen oder anderen Seite teilweise in die Sonne fallen, so werden auch die Planeten ihren größten Abstand erreicht haben; wenn die Grenzen diesseits sind, so glaubt man, dass sie ebenso viele Grade schneller zurückkehren, da jener Punkt für beide immer der höchste ist. *74* Hieraus ergibt sich nun ihre entgegengesetzte Bewegung; denn die oberen Planeten gehen beim Abenduntergang am schnellsten, diese am langsamsten; jene sind von der Erde am weitesten entfernt, wenn sie sich am langsamsten bewegen, diese bei ihrer schnellsten Bewegung.

Sowie bei jenen die Nähe des Zentrums (Brennpunktes) den Lauf beschleunigt, so tut es hier die Entfernung ihrer Bahn. *75* Jene fangen vom Morgenaufgang an langsamer, diese schneller zu gehen, jene halten ihren Rücklauf von ihrem Morgenstillstand an bis zu ihrem Abendstillstand; die Venus aber vom Abendstillstand bis zum Morgenstillstand. Sie fängt von ihrem Morgenaufgang an in der Breite zu steigen, steigt aber in die Höhe und folgt der Sonne vom Morgenstillstand an, und am schnellsten und höchsten läuft sie beim Morgenuntergang. Dann geht sie in der Breite herab und vermindert ihre Bewegung vom Abendaufgang an, kehrt aber wieder zurück und geht nieder vom Abendstillstand an.

Merkur steigt auf beiderlei Weise[56] vom Morgenaufgang an, nimmt aber in der Breite vom Abendaufgang an ab; nachdem er sich der Sonne bis auf 15 Grade genähert hat, bleibt er fast vier Tage lang unbeweglich stehen;[57] *76* dann steigt er von der Höhe herab und geht rückwärts vom Abenduntergang an bis zum Morgenaufgang. Nur er und der Mond steigen in ebenso vielen Tagen aufwärts wie abwärts. Venus bedarf 15 Tage mehr zum Aufsteigen; Saturn und Jupiter haben doppelt und Mars viermal so viel Zeit nötig. So viel Mannigfaltigkeit liegt in der Natur. Aber der Grund davon ist klar; denn die Sterne, welche zur Glut der Sonne hinstreben, entfernen sich ungern wieder von ihr.

15. Allgemeine Bemerkungen über die Planeten

77 Es können bei dieser Gelegenheit noch manche Geheimnisse der Natur und Gesetze, denen sie selbst unterworfen ist, angeführt werden; z.B., dass der Mars, dessen Lauf am schwierigsten zu beobachten ist, wenn der Jupiter im Gedrittschein steht, niemals einen Stillstand macht, und nur sehr selten, wenn er 60 Grade von ihm entfernt ist; diese Zahl teilt den Weltkreis in ein Sechseck. Auch geht er nur in zwei Zeichen, dem Krebs und dem Löwen, mit ihm zugleich auf. Merkur aber hält seinen Abendaufgang selten in den Fischen, am häufigsten in der Jungfrau, seinen Morgenaufgang aber in der Waage und im Wassermann, sehr selten im Löwen. Sein Rückgang geschieht nie im Stier und in den Zwillingen, im Krebs aber nicht unter dem 25. Grad. *78* Der Mond kommt in keinem anderen Zeichen als den Zwillingen zweimal mit der Sonne zusammen, und nur im Schützen zuweilen gar nicht. Man sieht ihn an dem ersten Tag oder in der ersten Nacht, wo er neu wird, nur im Widder, und

---

56 In Höhe und Breite.
57 Nach neueren Erfahrungen dauert dieser scheinbare Stillstand etwa zwei Tage.

auch dies haben nur wenige wahrgenommen. Daher wurde auch Lynceus[58] wegen seiner Sehkraft berühmt. Saturn und Mars sind meistens 170 Tage lang nicht sichtbar am Himmel; Jupiter 36 oder mindestens 26; Venus 69 oder mindestens 52, Merkur 13 oder höchstens 18 Tage.

16. Woher es kommt, dass sie ihre Farben ändern

79 Die Farbe der Planeten ist nach ihrer Höhe verschieden; denn sie werden denjenigen Sternen ähnlich, in deren Dunstkreis sie beim Aufsteigen kommen, und die Kreisbahn eines anderen, der sie sich von einer oder der anderen Seite nähern, färbt sie. Ein kalter Stern macht sie blass, ein heißer rot, ein windiger gibt ihnen ein furchtbares Ansehen; die Sonne aber, die Vereinigungspunkte der Apsiden und ihre weiteste Bahn machen sie dunkelschwarz. Jeder hat seine eigentümliche Farbe; so ist der Saturn weiß, Jupiter hell, Mars feurig, Luzifer glänzend hell, Vesperus leuchtend, Merkur strahlend, der Mond mild, die Sonne beim Aufgang brennend, nachher aber strahlend. Mit diesen Ursachen muss man auch die Erscheinungen der übrigen am Himmel befindlichen Sterne verbinden; *80* denn bald sind viele Sterne um die halbe Mondscheibe versammelt und erleuchten sie mäßig in heiterer Nacht, bald nur sehr wenige, sodass wir voll Verwunderung glauben sollten, sie seien entflohen, während sie doch der Vollmond nur verbirgt oder die Strahlen der Sonne oder der eben genannten Gestirne unsere Augen blenden. Ohne Zweifel haben die Sonnenstrahlen selbst durch ihren verschiedenen Einfall Anteil am ungleichen Licht des Mondes, indem die Konvexität der Welt ihre Beugung schwächt, ausgenommen, wenn sie im rechten Winkel auf ihn fallen. Daher ist er beim Geviertschein der Sonne hell, beim

---

58 Sohn des Aphareus und der Arene, der so scharf sah, dass sein Blick nach Pindar (Nemeische Oden X,114) Eichen, und nach Orpheus (Argonautica 179) sogar Himmel, Erde und Unterwelt durchdrang. Er nahm Teil an der Kalydonischen Jagd und am Argonautenzug. Endlich wurde er nebst seinem Bruder vom Pollux und Jupiter erschlagen.

Gedrittschein beinahe voll, im Gegenschein aber ganz voll, und wiederum beim Abnehmen zeigt er dieselben Erscheinungen in gleichen Zwischenräumen auf ähnliche Weise wie die drei Gestirne oberhalb der Sonne.

17. Der Lauf der Sonne und die Ursache der Ungleichheit der Tage

81 Die Sonne selbst aber bietet vier Verschiedenheiten dar: zwei in der Tagundnachtgleiche, im Frühling und Herbst, wenn sie senkrecht über der Erde im 8. Grade des Widders und der Waage steht; zwei in sehr verschiedenen Tageslängen, nämlich im Winter, wenn die Tage zunehmen, im 8. Grade des Steinbocks, und im Sommer, wenn sie abnehmen, im 8. Grade des Krebses. Die Ursache dieser Ungleichheiten ist die schiefe Lage des Tierkreises, da die eine Hälfte der Welt stets unter der Erde und die andere Hälfte über derselben sich befindet. Diejenigen Zeichen, welche bei ihrem Aufgang sich senkrecht erheben,[59] leuchten länger, aber die schief aufsteigenden ziehen schneller vorüber.

18. Warum dem Jupiter die Blitze zugeschrieben werden

82 Die meisten Menschen wissen noch nicht, was die gelehrtesten Männer durch ihre großen Bemühungen und die Himmels-Erscheinungen entdeckt haben, dass nämlich dasjenige, was wir Blitz nennen, Feuer ist, welches von den drei oberen Planeten und vorzugsweise dem mittleren (Jupiter) auf die Erde herabfällt; vielleicht, weil er den zu großen Andrang von Feuchtigkeit aus der oberen, und von Hitze aus der unteren Kreisbahn, auf diese Weise fortschafft. Daher ist das Sprichwort entstanden, dass Jupiter Blitze schleudere. So wie sich aber von brennendem Holz eine Kohle mit Geräusch ablöst, ebenso von dem Gestirn das himmlische

---

59   Krebs, Löwe, Jungfrau, Waage, Skorpion und Schütze.

Feuer, und dieses ist dann bedeutungsvoll, damit auch nicht einmal der abgelöste Teil in seinem göttlichen Wirken aufhöre. Meistenteils ereignet sich dergleichen bei trüber Luft, weil die gesammelte Feuchtigkeit jenen Überfluss zur Entladung reizt oder weil die Luft durch die Geburt des gleichsam schwangeren Gestirnes getrübt wird.

19. Abstände der Gestirne voneinander

83 Auch den Abstand der Planeten von der Erde haben viele zu ergründen gesucht und gesagt, die Sonne sei von dem Mond neunzehnmal so weit entfernt wie der Mond von der Erde. Pythagoras aber, ein sehr scharfsinniger Mann, gibt die Entfernung der Erde vom Mond zu 126 000 Stadien,[60] des Mondes von der Sonne zum Doppelten und der Sonne von den 12 Zeichen zum Dreifachen an. Dieser Meinung ist auch unser Gallus Sulpicius[61] zugetan.

20. Musikalische Raumverhältnisse zwischen den Gestirnen

84 Aber Pythagoras bestimmte diese Weiten zuweilen auch nach musikalischen Gesetzen und nannte die Entfernung von der Erde zum Mond einen Ton, vom Mond bis zum Mars einen halben, vom Mars bis zur Venus beinahe einen halben, von der Venus zur Sonne anderthalb, von der Sonne zum Mars, gleich wie von der Erde zum Mond, einen, vom Mars zum Jupiter einen halben, vom Jupiter zum Saturn einen halben und vom Saturn zum Tierkreis anderthalb. So entstehen sieben Töne, welche man die vollständige Harmonie, d.h. den Inbegriff aller Tonverhältnisse nennt. Saturn soll sich nun in der dorischen, Jupiter in der phrygischen Tonart bewegen, und von den übrigen Planeten handelt

---

60 1 Stadion entspricht ca. 188 m.
61 Über denselben vgl. 9. Kap.

er in ähnlichem Sinne mit mehr unterhaltender als praktischer Genauigkeit.

21. Geometrische Raumverhältnisse der Welt

85 Ein Stadion beträgt 125 Schritte oder 625 Fuß. Poseidonios[62] sagt, die Höhe, in welcher Nebel, Wind und Wolken sich befinden, sei von der Erde weniger als 40 Stadien[63] entfernt; von da an sei die Luft rein, klar und von ungetrübter Helle. Von der Region der Wolken soll der Mond 2 000 000, und von da die Sonne 5 000 000 Stadien weit sein. Dieser ungeheure Zwischenraum sei die Ursache, dass die Erde nicht verbrenne. Viele Wolken sollen jedoch bis zu 900 Stadien hinaufsteigen. Diese Behauptungen sind zwar ungewiss und unerweisbar, allein ich muss sie so vortragen, wie man sie uns überliefert hat. Dennoch ist hierbei eine auf untrüglichen Grundsätzen der Geometrie ruhende Berechnung nicht zu verwerfen, wenn man jene Dinge weiter verfolgen will. Nur sollte man damit niemals das Maß ergründen wollen (denn das wäre ein unsinniger Zeitvertreib), sondern dem forschenden Geist nur eine ungefähre Schätzung darbieten.

87 Da nämlich die Sonnenbahn aus fast 866 Teilen von dem Umfang der Sonnenscheibe besteht, und der Durchmesser stets den dritten Teil, weniger beinahe einem Siebtel eines Drittels, vom Umfang[64] ausmacht; so erhellt, dass, wenn man die Hälfte davon nimmt (weil die Erde mitten in der Bahn liegt), beinahe der sechste Teil dieses unermesslichen Raumes, den man sich als die Bahn der Sonne um die Erde denkt, der Entfernung der Sonne von der Erde gleich sei; die Entfernung des Mondes aber den zwölften Teil betrage, weil er in so viel kürzerer Zeit als die Sonne seinen Umlauf hält. Der Mond schwebt daher mitten zwischen der Sonne und der Erde.

---

62 Von Apamea in Syrien, geb. 135 v.Chr., machte große Reisen, kam 100 nach Gallien, 86 nach Rom, wo er Ciceros und Pompeius' Freund war, und lebte nachher zu Rhodos; gest. 51 v.Chr.
63 D.h. weniger als 7,5 km.
64 Der Durchmesser des Kreises verhält sich zur Peripherie wie 7:22, oder wie 1:3,14.

88 Man muss sich wundern, wie weit die Verwegenheit des menschlichen Geistes geht; durch einen kleinen Erfolg, wie wir ihn oben mitgeteilt haben, angereizt, übersteigt seine Unverschämtheit alle Grenzen. Die da wagten, die Entfernung der Sonne von der Erde zu erraten, wollten dies auch auf den Himmel anwenden, weil die Sonne sich in der Mitte befinde; ja es scheint fast, dass man die Größe der Welt nach Zollen berechnen will. Als wenn man das Maß des Himmels durch das Bleilot bestimmen könnte, weil der Durchmesser eines Kreises sieben, und der Umfang 22 solche Teile hat! Nach einer ägyptischen Berechnung von Petosiris und Nechepsos[65] beträgt ein einzelner Grad in der Mondbahn (die, wie wir gesagt haben, die kleinste ist) etwas mehr als 33 Stadien; in der des Saturn, welche am größten ist, doppelt so viel; in derjenigen der Sonne, welche wir als die mittlere bezeichnet haben, die Hälfte von der Summe beider Größen. Dieses Räsonnement ist noch das Bescheidenste, weil, wenn man zur Bahn Saturns die Entfernung des Tierkreises fügt, eine unzählige Vervielfältigung entsteht.

22. Von den plötzlich entstehenden Gestirnen oder den Kometen

89 Von der Welt bleibt jetzt nur noch ein wenig zu sagen übrig. Am Himmel entstehen nämlich plötzlich Sterne, und zwar verschiedener Art. Die Griechen nennen sie Kometen, wir Haarsterne[66], denn sie haben einen furchtbar blutroten Schweif, und auf dem Scheitel gleichsam raue Haare. Auch nennen die Griechen dieselben Bartsterne[67], weil unten an ihnen eine einem langen Bart ähnliche Mähne herabhängt. Pfeilsterne[68] heißen sie, weil sie gleich einem Geschoss dahineilen und ihre Vorbedeutungen sehr schnell eintreffen. Ein solcher war der, welchen der Kaiser

---

65 Sie lebten im 6. Jh. v.Chr.; der Letztere war König in Ägypten.
66 Krinitai.
67 Pogoniai.
68 Akontisai.

Titus während seines 5. Konsulats[69] in einem herrlichen Gedicht beschrieb, und der bis auf diesen Tag der Letzterschienene ist. Sind sie kürzer und endigen sie in eine Spitze, so heißen sie Schwertsterne.[70] Diese sind unter allen Sternen die blassesten, glänzen wie ein Schwert und werfen keine Strahlen. Die Scheibensterne[71], welche, wie der Name schon sagt, scheibenförmig sind, haben eine hellgelbe Farbe und werfen nur wenige Strahlen. *90* Der Fassstern[72] hat die Gestalt eines Fasses und in der Höhlung ein rauchiges Licht. Der Hornstern[73] gleicht einem Horn; ein solcher stand am Himmel, als die Griechen bei Salamis den Sieg erfochten.

Der Fackelstern[74] sieht brennenden Fackeln ähnlich; der Rossstern[75] Pferdemähnen, die sich in schnellster Bewegung im Kreise um ihn drehen. Es gibt auch einen weißen Kometen, mit silberfarbigem Schweif und so glänzend, dass man ihn kaum ansehen kann; dabei zeigt sich in ihm ein Bild der Gottheit in menschlicher Gestalt. Andere sind rau wie Wolle und mit einer Wolke umgeben. Einmal nur verwandelte sich eine Mähne in einen Spieß, in der CIX. Olympiade, dem 398. Jahr der Stadt.[76] Der kürzeste Zeitraum ihrer Sichtbarkeit wird zu sieben, der längste zu 80 Tagen angegeben.

23. Ihre Beschaffenheit, Lage und Arten

91 Einige Kometen bewegen sich nach Art der Planeten, andere sind unbeweglich. Gewiss ist, dass sie alle im Norden erscheinen, zwar nicht immer in einer bestimmten Region, meist aber doch in dem weißen Streifen, welcher den Namen Milchstraße erhalten

---

69 Im Jahre 76 n.Chr.
70 Xiphiai.
71 Diskeus.
72 Pitheus.
73 Keratias.
74 Lampadias.
75 Hippeus.
76 Dieses Jahr fällt aber in die CVI. Olympiade.

hat. Aristoteles[77] erzählt, es würden wohl auch mehrere zugleich gesehen; dies hat jedoch, soviel ich weiß, niemand weiter bemerkt. Sie zeigen starke Winde und Hitze an. Auch in den Wintermonaten sowie am Südpol sind sie sichtbar, dann aber ohne Mähne. Ein fürchterlicher Komet zeigte sich den Bewohnern Äthiopiens und Ägyptens, der von dem damaligen König Typhon genannt wurde; er hatte einen feurigen Schein, war wie eine Spirale gewunden, von grässlichem Aussehen, und eher ein feuriger Klumpen als ein Stern. *92* Zuweilen sieht man auch an den Planeten und übrigen Sternen Haare. Niemals zeigt sich ein Komet am westlichen Teil des Himmels.

Meistenteils ist der Komet ein schreckenerregendes und nicht leicht zu versöhnendes Gestirn, wie der Bürgeraufstand unter dem Konsul Octavius[78] und der Krieg zwischen Pompeius und Caesar[79] beweisen. Auch in unserer Zeit sah man, als der Kaiser Claudius vergiftet wurde[80], ferner unter der Regierung seines Nachfolgers Domitius Nero[81] lange Zeit einen schrecklichen Kometen. Man glaubt, ihr Einfluss hänge davon ab, nach welcher Gegend sie hineilen, welches Sternes Kräfte sie annehmen, welchen Dingen sie ähnlich sehen und an welchen Orten sie sich zeigen. *93* Haben sie die Gestalt von Flöten, so sollen sie auf Tonkunst deuten; auf unzüchtige Sitten aber, wenn sie in den Schamteilen der Tierbilder stehen; auf Verstand und Gelehrsamkeit, wenn sie eine drei- oder vierseitige gleichwinklige Figur mit den naheliegenden Fixsternen bilden; auf Giftmischerei, wenn sie im Kopf der nördlichen oder südlichen Schlange stehen.

---

77 Der berühmteste Schüler des Plato, geb. 384 zu Stagira in Makedonien, gest. 322 zu Chalkis.
78 76 v.Chr.
79 49 v.Chr.
80 Seine Gemahlin Agrippina vergiftete ihn 54 n.Chr. Er hieß mit seinem vollständigen Namen Tiberius Claudius Drusus Caesar, war der jüngste Sohn des Claudius Drusus Nero des Älteren und der Schwestertochter des Augustus, der jüngeren Antonia, Bruder des Germanicus Caligulas Vatersbruders, geb. 9 v.Chr. zu Lyon, und wurde 41 n.Chr. nach Caligulas Ermordung, Kaiser.
81 64 n.Chr.

Nur an einem einzigen Ort auf der Erde, nämlich in Rom, wird ein Komet in einem Tempel verehrt, weil ihn der göttliche Augustus als ein sehr günstiges Zeichen für sich ansah. Dieser erschien nämlich zu Anfang seiner Regierung, während der Spiele, die er zu Ehren der Venus Genetrix[82], kurz nach dem Tod seines Vaters Caesar, in dem von Letzterem gestifteten Collegium[83] hielt. **94** Mit folgenden Worten bezeugte er seine Freude darüber: »In den Tagen meiner Spiele wurde ein Haarstern sieben Tage lang am nördlichen Teil des Himmels gesehen. Er entstand um die elfte Tagesstunde, war klar und in allen Ländern sichtbar. Das Volk glaubte, er bedeute die Aufnahme der Seele Caesars unter die unsterblichen Götter, und aus dieser Veranlassung habe ich jenes Zeichen an dem Kopf des Standbildes, welches ich bald danach auf dem Forum einweihte, angebracht.« So legte er es öffentlich aus, aber im Herzen freute er sich und nahm an, der Stern sei seinetwegen erschienen und bedeute seine wachsende Größe; und, wenn wir die Wahrheit gestehen sollen, so war dies auch wirklich eine der Erde heilsame Vorbedeutung.

Einige halten die Kometen für beständig dauernde Gestirne, die ihren Umlauf haben, aber nur, wenn sie von der Sonne entfernt sind, gesehen werden können. Andere meinen, sie seien zufällige Erzeugnisse von Feuchtigkeit und einer feurigen Kraft und lösten sich von selbst wieder auf.[84]

---

82 Unter diesem Beinamen verehrte man die Venus als Stammmutter des Julischen Geschlechts. Ihr Fest fiel in den Anfang des Monats Oktober.

83 Ein Priester-Kollegium zur Feier jener Tage.

84 Tycho Brahe und Maestlin, Keplers Lehrer, scheinen zuerst die Kometen als Himmelskörper erkannt zu haben; Kepler wies ihnen geradlinige Bahnen an. Der Danziger Astronom Hevelius nahm parabolische Bahnen an, ebenso Newton, dessen Methode von Halley ausgebildet wurde.

24. Hipparchs Ansichten von den Gestirnen

95 Eben jener Hipparchos, der nie genug gelobt werden kann, da niemand besser als er die Verwandtschaft der Gestirne mit dem Menschen, und dass unsere Seele ein Teil des Himmels sei, erwiesen hat, entdeckte einen neuen Stern von anderer Beschaffenheit, der zu seiner Zeit entstanden war. Durch dessen Bewegung an dem Tag, wo er leuchtete, kam er auf die Vermutung, dass dies öfter geschehe und dass sich auch diejenigen bewegten, welche wir für feststehend halten. Er wagte auch – ein frevelhaftes Unternehmen – den Nachkommen Sterne zuzuzählen und sie nach ihren Namen zu ordnen. Er erdachte Instrumente, mittels welcher er den Standort und die Größe eines jeden bezeichnete, damit man hierdurch nicht nur ihr Verschwinden und Entstehen, sondern auch überhaupt, ob sie vorüberziehen und sich bewegen, ob sie größer oder kleiner werden, leicht unterscheiden könnte. So hinterließ er der Nachwelt den Himmel als eine Erbschaft, wenn jemand sich fände, der seine Berechnung begreifen würde.

25. Wunderbare Erscheinungen am Himmel, durch geschichtliche Beispiele beglaubigt: Fackeln, Lampen, Spieße

96 Es leuchten auch Fackeln am Himmel, können aber nur gesehen werden, wenn sie herabfallen. Eine solche flog, während eines von Germanicus Caesar[85] gegebenen Fechterspiels vor den Augen des Volkes am Mittag vorüber. Man unterscheidet zwei Arten davon; die einen nennt man schlechthin Fackeln[86], die anderen heißen Wurfspieße[87]; eine solche erschien zur Zeit des Mutinensischen Krieges.[88] Sie unterscheiden sich dadurch voneinander, dass

---

85 Neffe des Tiberius, Gemahl der älteren Agrippina, Vater des Caligula und der jüngeren Agrippina, Neros Großvater, geb. 15 v.Chr., gest. 19 n.Chr. im Orient.
86 Lampades.
87 Bolides.
88 Mutina, jetzt Modena. Brutus wurde darin (44 v.Chr.) von Antonius belagert. In der Schlacht des Jahres 43 fielen beide amtierenden Konsuln.

die Fackeln eine lange Spur hinterlassen, während ihr vorderer Teil brennt; die Spießfackel aber brennt ganz und nimmt einen größeren Raum ein.

26. Feurige Balken und vom geöffneten Himmel

Auf ähnliche Weise entstehen auch feurige Balken, welche die Griechen δοκοί nennen; ein solcher zeigte sich, als die Lakedämonier, zur See besiegt[89], die Herrschaft über Griechenland verloren. Bisweilen spaltet sich auch der Himmel, was man Chasma nennt.

27. Von den Farben des Himmels und dem flammenden Himmel

97 Auch erscheint zuweilen ein blutrotes Feuer (eine der schrecklichsten Erscheinungen für den furchtsamen Menschen), das dann vom Himmel zur Erde fällt; z.B. im dritten Jahr der CVII. Olympiade[90], als der König Philippus[91] Griechenland bedrängte. Ich glaube, dass diese sowie die übrigen Naturerscheinungen zu bestimmten Zeiten eintreten, und nicht, wie die meisten annehmen, aus verschiedenen, von ihnen erst ergrübelten Ursachen entstehen. Zwar sind sie immer Vorboten großer Unglücksfälle gewesen, allein mich dünkt, dass Letztere nicht eintrafen, weil jene geschehen waren, sondern dass diese vorausgingen, weil jene eintreffen sollten. Bei ihrer Seltenheit ist uns ihre nähere Beschaffenheit noch verborgen; daher kennen wir sie nicht so genau wie die oben beschriebenen Aufgänge, Finsternisse und viele andere Erscheinungen.

---

89   Durch Konon, den Befehlshaber der Athener, 395 v.Chr.
90   350 v.Chr.
91   Der II. oder der Große von Makedonien, Vater Alexanders des Großen, war der jüngste Sohn des Königs Amyntas II., regierte bis 336 v.Chr. mit großem Ruhme; wurde von Pausanias ermordet.

28. Von himmlischen Kränzen

98 Man sieht auch Sterne bei der Sonne ganze Tage lang, welche meistens die Sonnenscheibe wie einen aus Ähren geflochtenen Kranz umgeben. Ferner buntfarbige Kreise bemerkte man; ein solcher erschien, als der Kaiser Augustus in früher Jugend nach Rom kam, um nach dem Tod seines Vaters dessen großen Namen auf sich zu übertragen. Auch um den Mond und andere vorzügliche Sterne, sogar um die Fixsterne, zeigen sich Kränze.

29. Von plötzlich entstehenden Ringen

Um die Sonne erschien ein Bogen unter den Konsuln L. Opimius und Q. Fabius[92]; eine Scheibe unter L. Porcius und M. Acilius[93]; ein Ring von roter Farbe unter L. Iulius und P. Rutilius.[94]

30. Längere Verfinsterungen der Sonne

Auch ereignen sich wunderbare und länger dauernde Sonnenfinsternisse, wie bei der Ermordung des Diktators Caesar[95], und im Antonianischen Krieg[96], wo die Sonne fast das ganze Jahr hindurch blass war.

---

92 683 nach Roms Erbauung oder 121 v.Chr.
93 640 nach Roms Erbauung oder 114 v.Chr.
94 664 nach Roms Erbauung oder 90 v.Chr.
95 710 nach Roms Erbauung oder 44 v.Chr. C. Iulius Caesar, Sohn des Prätors gleichen Namens und der Aurelia, Cottas Tochter, geb. den 13. Juli 100 v.Chr. Seine Ermordung fiel auf den 15. März des genannten Jahres.
96 Krieg des Antonius gegen Octavianus Augustus; er endigte mit der Seeschlacht bei Actium, 721 nach Roms Erbauung oder 29 v.Chr.

31. Mehrere Sonnen

99 Auch sieht man zuweilen mehrere Sonnen auf einmal, aber weder oberhalb noch unterhalb von ihr, sondern in schräger Richtung; niemals neben ihr noch zur Erde gekehrt noch des Nachts, sondern entweder beim Auf- oder Untergang der Sonne. Einmal sollen auch solche Sonnen mittags am Bosporus gesehen worden sein und vom Morgen bis zum Abend gedauert haben. Drei Sonnen haben die Alten öfters gesehen, so unter Sp. Postumius und Q. Mucius[97]; Q. Martins und M. Porcius[98]; M. Antonius und P. Dolabella[99]; M. Lepidus und L. Plancus[100]. In unserer Zeit sah man dergleichen unter der Regierung des vergöttlichten Claudius, da derselbe mit Cornelius Orfitus[101] das Konsulat bekleidete. Mehr als drei sollen bis jetzt noch nicht gesehen worden sein.

32. Mehrere Monde

Auch drei Monde sind zugleich sichtbar geworden, und zwar unter den Konsuln Cn. Domitius und C. Fannius[102]. Viele nennen diese die nächtlichen Sonnen.

33. Tageshelle in der Nacht

100 Unter C. Caecilius und Cn. Papirius[103] und auch außerdem noch oft sah man des Nachts am Himmel ein Licht, welches die Nacht gleichwie einen Tag erhellte.

---

97   580 nach Roms Erbauung oder 174 v.Chr.
98   636 nach Roms Erbauung oder 118 v.Chr.
99   710 nach Roms Erbauung oder 44 v.Chr.
100 712 nach Roms Erbauung oder 42 v.Chr.
101 51 n.Chr.
102 632 nach Roms Erbauung oder 122 v.Chr.
103 641 nach Roms Erbauung oder 113 v.Chr.

34. Feurige Schilde

Ein brennender Schild fuhr, Funken sprühend, bei Sonnenuntergang von Abend nach Morgen hin unter den Konsuln L. Valerius und C. Marius[104].

35. Ein nur einmal am Himmel bemerktes Zeichen

Nur einmal, und zwar unter den Konsuln Cn. Octavius und C. Scribonius[105], soll ein Funken aus einem Stern gefallen sein, je mehr er sich der Erde genähert habe, immer größer geworden sein und, nachdem er die Größe des Mondes erreicht habe, eine Helligkeit gleichwie die eines nebligen Tages verbreitet haben; darauf wieder zum Himmel zurückgekehrt und zu einer Fackel geworden sein. Diese Erscheinung sahen der Prokonsul Silanus und sein Gefolge.

36. Vom Gang der Sterne

Auch scheinen die Sterne hin und her zu fahren, jedoch nicht ohne Grund, denn die Entstehung heftiger Winde von derselben Seite her hängt damit zusammen.

37. Von den Sternen, welche auf der Erde und im Meere vorkommen

101 Auch im Meer und auf der Erde gibt es Sterne. Ich selbst habe bei den nächtlichen Feldwachen einen leuchtenden Schein von derartiger Gestalt auf den Spießen der vor dem Wall stehenden Soldaten gesehen. Sie lassen sich auch auf die Segelstangen und andere Schiffsteile nieder, mit einem vernehmbaren Geräusch, wie wenn Vögel von einem Sitze zum anderen fliegen. Wenn sie

---

104 654 nach Roms Erbauung oder 100 v.Chr.
105 678 nach Roms Erbauung oder 76 v.Chr.

einzeln erscheinen, bringen sie Unheil, denn sie versenken dann die Schiffe, und wenn sie unten in den Kiel fallen, so verbrennen sie dieselben; zu zweien aber sind sie ein günstiges Zeichen und verkünden eine glückliche Fahrt. Durch ihre Ankunft soll jene schreckliche und Unglück drohende sogenannte Helena[106] verjagt werden. Deshalb schreibt man auch diese Kraft dem Castor und dem Pollux[107] zu und ruft sie auf dem Meer als Götter an. Auch die Häupter der Menschen leuchten ringsum in den Abendstunden, was von großer Vorbedeutung ist. Die Ursachen aller dieser Erscheinungen kennt man nicht genau; sie sind in der Hoheit der Natur verborgen.

38. Von der Luft und woher der Steinregen kommt

102 So viel von der Welt selbst und den Gestirnen. Nun wollen wir zu den übrigen Merkwürdigkeiten des Himmels übergehen; denn auch das nannten die Alten Himmel, was wir jetzt mit einem anderen Namen Luft nennen. Dieser Lebenshauch nimmt allen scheinbar leeren Raum ein. Unterhalb des Mondes ist ihr Sitz, und noch viel tiefer (wie ich allgemein angenommen finde) wird sie, indem sich eine unendliche Menge der oberen Luft mit einer unendlichen Menge irdischer Ausdünstungen mischt, mit beiden Anteilen erfüllt. Daraus entstehen Wolken, Donner und Blitz, Hagel, Reif, Regen, Stürme und Wirbel. Von da herab kommen die meisten Übel der Menschen, und dort ist der Schauplatz des Kampfes der Naturkräfte unter sich. Die Macht der Gestirne drückt die irdischen, zum Himmel strebenden Teile nieder, und zieht die, welche nicht von selbst aufsteigen, zu sich empor. Regen fällt herab, Nebel steigen auf, Flüsse trocknen aus, Hagel stürzt nieder, die Sonnenstrahlen dörren die Erde aus, drängen sie von allen Seiten nach der Mitte hin, prallen ungeschwächt zurück und nehmen mit sich, was sie können. Die Hitze kommt von oben und

---

106 Nach Euripides wurde die spartanische Helena nach ihrer Ermordung von der Juno in den Himmel versetzt, wo ihr Gestirn aber den Schiffern Gefahr drohte.
107 Die Zwillinge im Tierkreis.

steigt wieder dahin zurück. Leer stürzen die Winde herbei und kehren mit Raub beladen wieder zurück. Viele Tiere ziehen die Luft von der Höhe ein; allein diese strebt wieder empor und die Erde ergießt ihren Hauch in die Leere des Himmels. *104* So wird, indem alles in der Natur wie in einem Triebwerk hierhin und dorthin strebt, die Zwietracht durch die schnelle Bewegung der Welt genährt. Der Kampf kann nicht ruhen, sondern dauert bei dem reißend schnellen Umschwung fort und zeigt, indem er mittels der Wolken plötzlich den Himmel anders überdeckt, die Ursachen der Erscheinungen in der die Erde umgebenden unermesslichen Runde. Dies ist auch das Reich der Winde. Daher hat die Natur die vorzüglichsten Erscheinungen und fast alle übrigen Ursachen derselben dort vereinigt; denn die Meisten schreiben auch den Donner und den Blitz der Gewalt der Winde zu. Ja es hat sogar zuweilen Steine geregnet, die vom Wind emporgerissen waren, und vieles andere. Wir müssen daher ausführlicher über diesen Gegenstand sprechen.

39. Von den bestimmten Witterungen

105 Es ist gewiss, dass die Ursachen der Witterung und andere Erscheinungen zum Teil fest bestimmt, zum Teil zufällig oder noch unerforscht sind; denn wer möchte zweifeln, dass Sommer und Winter, und was sonst im Laufe der Zeit einem jährlichen Wechsel unterliegt, von dem Lauf der Gestirne abhänge? Sowie daher die Natur der Sonne an der Anordnung des Jahres erkannt wird, so haben auch alle übrigen Gestirne ihre eigentümlichen und ihrer besonderen Natur nach in ihren Wirkungen fruchtbare Kräfte. Einige sind ergiebig an Feuchtigkeit, die sich in Regen verwandelt, andere an solcher, die zu Reif oder zu Schnee oder zu Hagel wird; einige bringen Sturm, andere laue Luft, andere Hitze, wieder andere Tau und andere Kälte. Man darf aber ja nicht glauben, dass sie nur so groß sind, wie wir sie sehen; denn die Berechnung einer so ungeheuren Höhe beweist, dass keiner von ihnen kleiner ist als der Mond. *106* Ein jeder wirkt daher bei seiner Bewegung nach der ihm innewohnenden Kraft; wie bekanntlich das Vorüberziehen Saturns sich durch Regen ankündigt. Diese Kraft ist nicht nur den wandelnden Gestirnen eigen, sondern auch vielen am Himmel festsitzenden, so oft sie durch die Annäherung der Planeten angetrieben oder durch die auf sie fallenden Strahlen gereizt werden. Dies nehmen wir am Regengestirn[108] wahr, welches die Griechen deshalb nach ihrer Bezeichnung des Regens »Hyaden« nennen. Ja, einige bringen von selbst und zu bestimmten Zeiten Regen, wie die Böcke[109] bei ihrem Aufgang; aber der Stern des Arcturus[110] geht fast niemals ohne stürmisches Hagelwetter auf.

40. Vom Aufgang des Hundssterns

107 Wem ist nicht bekannt, dass beim Aufgang des Hundsgestirns[111] die Hitze der Sonne zunimmt? Die Wirkungen dieses Gestirns werden weit und breit auf Erden empfunden. Bei seinem Aufgang schäumt das Meer, braust der Wein in den Kellern und bewegen sich die Sümpfe. Eine wilde Ziege, in Ägypten Oryx[112] genannt, soll sich bei seinem Aufgang ihm entgegen stellen, es ansehen und durch Niesen gleichsam anbeten. Auch ist kein Zweifel, dass die Hunde in der ganzen Zeit am leichtesten toll werden.

41. Bestimmter Einfluss der Jahreszeiten

108 Sogar einzelne Teile einiger Tierzeichen haben besondere Kraft, denn im Herbst-Äquinoktium und im Winter-Solstitium sehen wir das Gestirn durch stürmisches Wetter getrübt. Allein dies lässt sich nicht bloß an Regengüssen und Stürmen wahrnehmen, sondern wird auch durch viele Erfahrungen an unserem Körper

---

108 Suculae. Sie stehen im Kopf des Stiers.
109 Haedi, neben und in der linken Schulter des Fuhrmanns.
110 Oberhalb des linken Knies des Bärenhüters (Bootes).
111 Oder Sirius in der Schnauze des großen Hundes.
112 Vielleicht die Spießgämse, Antilope Oryx.

und auf dem Feld bestätigt. Einige Menschen werden davon angehaucht, andere spüren zu gewissen Zeiten eine Bewegung im Unterleib, den Nerven, dem Kopf und Geist. Der Ölbaum, die weiße Pappel und die Weiden rollen im Sommer-Solstitium ihre Blätter zusammen. Selbst am kürzesten Tag blüht das an Häusern aufgehängte, trockene Poleikraut, und mit Luft gefüllte Blasen springen. *109* Wundern wird sich der, welcher die tägliche Erfahrung nicht beachtet, dass ein Kraut, Heliotropium genannt, die Sonne stets ansieht, und zu allen Stunden sich mit ihr dreht, selbst wenn jene mit Nebel bedeckt ist. So wachsen und schwinden selbst durch den Einfluss des Mondes die Körper aller Austern, Schnecken und Muscheln. Fleißige Beobachter haben auch gefunden, dass die Fibern der Spitzmäuse der Tageszahl des Mondes entsprechen und dass das so kleine Tier, die Ameise, die Gewalt des Gestirns empfindet und stets im Neumond ruht. *110* Dem Menschen gereicht seine Unwissenheit hierin umso mehr zur Schande, da er sieht, dass die Augenkrankheiten, besonders einiger Lasttiere, mit dem Mond zu- und abnehmen. Alles steht unter dem Schutz des weiten Himmels, dessen unermesslicher Umfang in 72 Zeichen geteilt ist. Diese Zeichen sind Bilder von Gegenständen und lebenden Wesen, in welche die Gelehrten den Himmel geschieden haben. In ihnen haben sie noch 1600, durch Glanz und Größe ausgezeichnete Sterne bestimmt; z.B. im Schweif des Stiers sieben, welche das Siebengestirn[113] heißen, an der Stirn desselben die Suculae und den Bootes, welcher dem großen Bären folgt.

---

113 Vergiliae.

42. Von den unbestimmten Witterungen, vom Platzregen

111 Dass, abgesehen von den angeführten Ursachen, auch auf andere Weise Regen und Winde entstehen, will ich nicht in Abrede stellen; denn so viel ist gewiss, die Erde haucht einen feuchten, sonst aber durch Einflüsse der Hitze rauchigen Dunst aus. Auch die Wolken erzeugen sich aus der in die Höhe gestiegenen Feuchtigkeit oder aus den zu Feuchtigkeit verdichteten Dünsten. Dass sie eine gewisse Dichtigkeit haben und etwas Körperliches sind, geht zweifellos daraus hervor, dass sie die Sonne verdecken, welche doch sonst den Tauchern in jeder Tiefe unter dem Wasser sichtbar bleibt.

43. Vom Donner und Blitz

112 Auch ist nicht zu leugnen, dass oben aus den Sternen ein solches Feuer (wie wir es oft bei heiterem Himmel sehen), in die Wolken fallen kann, durch dessen Schlag die Luft erschüttert wird, da ja auch abgeschossene Pfeile ein Geräusch machen. Sobald nun das Feuer in die Wolke gelangt ist, entwickelt sich ein zischender Dampf, wie wenn glühendes Eisen ins Wasser getaucht wird, und ein Rauchwirbel steigt empor. Auf solche Weise entstehen die Sturmwinde. Kämpfen in den Wolken Wind oder Dampf sich drängend, so haben wir den Donner; durchbricht die Glut die Wolken, den Blitz; nimmt sie aber einen längeren Gang, das Wetterleuchten; dieses zerteilt die Wolken, jener durchbricht sie. Die Donner sind also Stöße des andringenden Feuers, weswegen gleich darauf feurige Risse in den Wolken schimmern.

113 Auch die von der Erde aufgestiegene, aber durch den Gegenstoß der Sterne niedergepresste und von einer Wolke aufgehaltene Luft kann Donner erzeugen. Solange die Luft kämpft, erstickt die Natur jeden Laut; bricht sie sich aber Bahn, so entsteht ein Knall, wie beim Zerspringen einer mit Luft gefüllten Blase. Ferner kann sich die Luft, von welcher Beschaffenheit sie auch sein mag, beim Herabstürzen durch Reibung entzünden. Gleichfalls kann beim Zusammentreffen von Wolken, ähnlich wie aus zwei aneinander geriebenen Steinen Feuer entsteht, woher das Funkeln der Blitze kommt. Aber all dies gehört zu den zufälligen Erscheinungen; solche Blitze sind meist wild und unbedeutend und weichen von dem natürlichen Gange der Natur ab. Sie fahren in Berge und Meere; alle ihre anderen Schläge sind wirkungslos. Jene anderen aber kommen nach festbestimmten Ursachen als Verkünder des Schicksals von oben herab aus ihren Gestirnen.

44. Entstehung der Winde

114 Dass auf ähnliche Weise Winde oder vielmehr Luftströme aus der dünnen und trockenen Ausdünstung der Erde entstehen können, möchte ich nicht leugnen; auch aus der von den Gewässern ausgehauchten weder zu Nebel verdichteten noch zu Wolken verdickten Luft; sowie durch den Trieb der Sonne (denn der Wind wird für nichts anderes gehalten als für ein Strömen der Luft), endlich noch auf verschiedene andere Weise bilden sie sich. Denn auch aus Flüssen und aus dem selbst ruhigen Meere entwickeln sich Winde; andere, Atlanen genannt, steigen aus der Erde. Wenn diese vom Meere zurückkehren, nennt man sie Tropäen, und wenn sie über das Meer hinziehen, Apogäen.

115 Die Bergzüge aber, ihre zahlreichen Gipfel, ihre wie Ellbogen gekrümmten oder wie Schultern gebrochenen Rücken, die Aushöhlungen der Täler, welche durch ihre Ungleichheit die aus ihnen emporgestiegene Luft durchschneiden (daher auch die Stimme darin widerhallt), erzeugen fortwährend Winde. Ja selbst in Höhlen entstehen Winde; so befindet sich an der Küste von Dalmatien eine weite jähe Schlucht, in welcher durch Hineinwerfen eines leichten Körpers selbst an ruhigen Tagen ein einem Wirbelwind ähnliches Brausen erfolgt. Der Ort führt den Namen Senta. So soll auch in der Landschaft Cyrene ein dem Südwind geheiligter Fels liegen, welchen keine menschliche Hand berühren darf, ohne dass der Südwind sogleich den Sand aufwirbelt. Sogar in manchen Häusern haben viele durch Abhaltung des Lichts feucht gewordene Gemächer ihren Wind; an einer Ursache fehlt es daher niemals.

45. Verschiedene Bemerkungen über die Winde

116 Zwischen dem Luftstrom und dem Wind findet ein bedeutender Unterschied statt. Jener weht beständig und fühlbar und zieht sich nicht bloß über einzelne Striche, sondern über ganze Länder hin. Er ist weder eine milde Luft, noch ein Sturmwind, sondern wie schon der Name[114] anzeigt, der männliche Wind. Er wird entweder durch den beständigen Lauf der Welt und den Gegenlauf der Sterne erzeugt; oder er ist jener, allen Naturwesen gemeinsame, bald hierhin, bald dorthin wie in einem Schlauch umherschweifende Hauch; oder er ist die durch den ungleichen Stoß der Planeten und den vielgestaltigen Wurf der Strahlen gepeitschte Luft; oder er entsteht aus besonderen, den Sonnenstrahlen näheren Sternen oder aber aus den Fixsternen. So viel ist gewiss, dass jenem Strom ein nicht unbekanntes, wenn auch noch nicht genügend erforschtes Naturgesetz zugrunde liegt. *117* Mehr als 20 alte griechische Schriftsteller haben ihre Beobachtungen darüber mitgeteilt. Es ist in der Tat sehr zu bewundern, dass auf der uneinigen und in kleine Staaten geteilten Erde, unter fortwährenden Kriegen, wo die Gastfreundschaft verletzt ward und sogar Seeräuber, die Feinde aller Menschen, die Übergänge besetzt hielten, so viele Männer mit so schwierigen Sachen beschäftigt gewesen sind; sodass heutzutage ein jeder in seinem Land aus den Werken jener Forscher, welche doch nie dahin gekommen waren, über jene Gegenstände besser unterrichtet ist, als durch die Kunde der Eingeborenen. Jetzt aber, bei dem beglückenden Frieden, unter einem Künste und Wissenschaften befördernden Fürsten, erweitern wir unser Wissen nicht nur nicht, sondern machen uns

---

114 Flatus.

auch nicht einmal mit den Erfindungen der Alten bekannt. *118* Die damaligen Belohnungen waren nicht groß, denn die Glücksgüter teilten sich unter viele; und die meisten fanden keinen anderen Preis für ihre Bemühungen als das Bewusstsein, der Nachwelt genützt zu haben. Die Sitten der Menschen sind gealtert, nicht ihre Werke. Eine zahllose Menge schifft allenthalben auf dem offenen Meer umher und nimmt die Gastfreundschaft aller Küsten in Anspruch, nicht der Wissenschaft, sondern des Gewinnes wegen. Der blinde, von Habsucht so erfüllte Geist bedenkt nicht, dass er seinen Endzweck durch die Wissenschaft weit sicherer erreichen kann. Ich werde daher von den Winden genauer, als es vielleicht für den Plan dieses Werkes passt, handeln, weil ich auf so viele Tausend Seefahrer Rücksicht nehme.

46. Arten der Winde

119 Die Alten nahmen überhaupt vier Winde, nach den vier Weltgegenden an (weswegen auch Homer nicht mehrere nennt); allein diese Einteilung war, wie man bald einsah, mangelhaft. Das folgende Zeitalter fügte mit allzu großer Genauigkeit und Zersplitterung noch acht hinzu. Die folgenden wählten das Mittel zwischen beiden, indem sie zu der kleineren Einteilung noch vier von der größeren setzten. Dadurch kommen also je zwei auf die vier Himmelsgegenden. Vom Äquinoktial-Aufgang (der Sonne) kommt der Ostwind,[115] vom Winteraufgang der Südostwind;[116] jenen nennen die Griechen Apeliotes, diesen Eurus. Vom Mittag kommt der Südwind,[117] vom Winteruntergang der Südwest;[118] bei den Griechen Notus und Liba. Vom Äquinoktial-Untergang der Westwind,[119] vom Solstitial-Untergang der Nordwest;[120] bei den Griechen Zephyrus und Argestes. Von Mitternacht der Nord-

---

115 Subsolanus.
116 Vulturnus.
117 Auster.
118 Africus.
119 Favonius.
120 Corus.

wind,[121] zwischen ihm und dem Solstitial-Aufgang der Nordost;[122] bei den Griechen Aparktias und Boreas. *120* Nach der größeren Einteilung kommen noch vier Winde dazwischen, nämlich: der Nordnordwest,[123] mitten zwischen Nord und dem Solstitial-Untergang; der Ostnordost[124] mitten zwischen dem Nordost und dem Äquinoktial-Aufgang, vom Solstitial-Punkt an; der Südsüdost,[125] mitten zwischen dem Winteraufgang und Mittag; der Südsüdwest[126] mitten zwischen Mittag und dem Winteruntergang, d.h. zwischen Süd und Südwest[127] und daher aus beiden (Namen) zusammengesetzt. Aber das genügte noch nicht! Einige setzten nämlich zwischen dem Boreas und Cæcias den Nordostnord[128] und zwischen den Eurus und Notus den Südostsüd.[129]

Einige Winde sind nur gewissen Ländern eigentümlich und gehen nicht über einen bestimmten Strich hinaus; wie z.B. bei den Athenern der Skiron, der wenig vom Argestes abweicht und dem übrigen Griechenland unbekannt ist. *121* An anderen Orten, wo er etwas mehr von Norden weht, heißt er Olympias; allein gewöhnlich ist mit allen diesen Namen der Argestes gemeint. Auch den Cæcias nennen einige Hellespontias. Überhaupt haben dieselben Winde an verschiedenen Orten verschiedene Namen. In der Narbonensischen Provinz ist der Circius der bedeutendste aller Winde, denn er steht keinem an Heftigkeit nach und weht meistens über das Ligurische Meer nach Ostia hin. Derselbe ist nicht nur in den übrigen Teilen der Erde unbekannt, sondern er berührt auch nicht einmal Vienna, die Hauptstadt jener Provinz, weil er, ungeachtet seiner Heftigkeit, nahe vor der Stadt durch einen nicht sehr bedeutenden Bergrücken aufgehalten wird. Auch Fabianus leugnet, dass der Südwind in Ägypten wehe. Hieraus

---

121 Septentrio.
122 Aquilo.
123 Thrascias.
124 Cæcias.
125 Phœnix.
126 Libanotus.
127 Notus und Liba.
128 Meses.
129 Euronotus.

geht ein Naturgesetz hervor, wonach auch den Winden Zeit und Grenzen gesetzt sind.

47. Zeiten, wann Winde entstehen

122 Der Frühling eröffnet den Schiffern die Meere; bei seinem Anfang, nämlich wenn die Sonne im 25. Grad des Wassermanns steht, erreicht der Westwind den winterlichen Himmel. Der Tag, an welchem dies geschieht, ist der sechste vor den Iden des Februar.[130] Dasselbe gilt fast von allen Winden, die ich später besprechen werde; nur in den Schaltjahren kommen sie um einen Tag früher, in dem folgenden Lustrum[131] aber befolgen sie wieder die alte Ordnung. Der Westwind heißt bei einigen vom achten Tage vor den Kalenden des März [132] an Chelidonias wegen der Ankunft der Schwalben, bei anderen Ornithias, weil er vom 71. Tage nach dem Winter-Solstitium, das ist von der Ankunft der Vögel an, neun Tage lang weht. Der dem Westwind entgegengesetzte heißt Ostwind.

123 Der Sommer tritt mit dem Aufgang des Siebengestirns in demselben Grad[133] des Stieres, am neunten Mai, ein; dies ist die Zeit des Südwinds, welcher dem Nordwind entgegen steht. In der heißesten Periode des Sommers geht der Hundsstern auf, beim Eintritt der Sonne in den ersten Grad des Löwen, oder am 16. Juli. Ungefähr acht Tage vor seinem Aufgang weht der Nordost, der daher auch Vorläufer[134] heißt. Aber zwei Tage nach seinem Aufgang weht derselbe Wind in den Hundstagen beständig fort und heißt Passatwind.[135] Man glaubt, die Hitze der Sonne verbunden mit der des Hundssterns mildere diesen Wind, welcher beständiger als alle anderen Winde ist. Darauf folgt wieder häufiger Südwind

---

130 Der 7. Februar. Die Iden waren am 15. im März, Mai, Juli und Oktober, in den übrigen Monaten am 13.
131 Hier ein Zeitraum von 4 Jahren. Ursprünglich aber verstand man darunter das Sühneopfer, welches alle fünf Jahre vorgenommen wurde.
132 Am 22. Februar. Die Kalenden waren der erste Tag eines jeden Monats.
133 Dem 25.
134 Prodromos.
135 Etesias.

bis zum Aufgang des Arcturus, elf Tage vor dem Herbst-Äquinoktium. Mit dem Herbst-Äquinoktium beginnt als Herbstwind der Nordwest; ihm ist der Südostwind entgegen. *125* Etwa 44 Tage nachher tritt mit dem Untergang des Siebengestirns der Winter ein, welcher Zeitpunkt auf den 10. November zu fallen pflegt. Mit ihm beginnt auch der winterliche Nordost, welcher von dem im Sommer wehenden sehr verschieden ist; sein Gegner ist der Südwest. Sieben Tage vor und nach dem kürzesten Tag ist das Meer mit der Brut der Eisvögel bedeckt, woher auch diese Tage ihren Namen[136] erhalten haben; die übrige Zeit ist es Winter. Allein selbst durch die Rauheit des Wetters wird das Meer nicht verschlossen. Anfangs sah man sich nur aus Furcht, den Seeräubern zur Beute zu werden, mit Todesgefahr genötigt, im Winter das Meer zu befahren; allein jetzt ist die Habsucht die Triebfeder dazu.

48. Beschaffenheit der Winde

126 Am kältesten sind die Winde, welche, wie wir angegeben haben, vom Norden her wehen, sowie der ihnen benachbarte Nordwest. Diese herrschen auch über die anderen und vertreiben die Wolken. Feuchte Winde sind der Südwest, und vorzüglich für Italien der Südwind. Auch im Pontus soll der Ostnordost die Wolken an sich ziehen. Trockene Winde sind der Nordwest und Südost, ausgenommen wenn sie ruhig wehen. Der Nordost und Nord bringen Schnee, der Nord und Nordwest Hagel, der Südwind ist heiß, der Südost und West lau, beide aber trockener als der Ostwind, und im Allgemeinen sind die von Norden und Westen kommenden trockener als die, welche von Süd und Ost kommen. *127* Der gesündeste unter allen ist der Nordost; der Südwind ist nachteilig und mehr trocken, vielleicht, weil er feucht (sic!) und darum kälter ist. Während er weht, sollen die Tiere weniger Hunger empfinden.

---

136 Halcyonides.

Die Passatwinde hören fast immer bei Einbruch der Nacht auf und erheben sich um die dritte Tagesstunde[137] wieder. In Spanien und Asien wehen sie von Osten her, im Pontus von Nordost, in den übrigen Ländern von Mittag. Sie wehen auch vom kürzesten Tag an, wo sie dann Ornithiai heißen, aber milder sind und nur wenige Tage dauern. Zwei Winde verändern auch ihre Natur mit der Ortslage; der Südwind bringt Afrika heiteren, der Nordost trüben Himmel.

128 Alle Winde wehen größtenteils abwechselnd oder so, dass, wenn einer aufhört, der entgegengesetzte anfängt. Erhebt sich aber der zunächst liegende, so geschieht dies, gleich dem Laufe der Sonne, von der linken Seite zur rechten. Ihre Beschaffenheit während eines Monats hängt von dem vierten Tag nach dem Neumond ab. Mit ein und demselben Wind kann man in entgegengesetzter Richtung segeln, wenn man die Segeltaue nachlässt, weshalb auch häufig des Nachts von entgegengesetzten Seiten kommende Fahrzeuge zusammenstoßen. – Der Südwind schlägt größere Wellen als der Nordost, denn jener weht von dem untersten Ende des Meeres her, dieser dagegen vom obersten.[138] Daher treten nach dem Südwind besonders häufig gefährliche Erdbeben ein. **129** Des Nachts ist der Südwind, am Tag der Nordostwind heftiger. Die Ostwinde halten länger an als die Westwinde. Die Nordwinde hören meistens an ungeraden Tagen auf, was auch für viele andere Naturgegenstände gilt, daher hält man die ungerade Zahl für die männliche. Die Sonne vermehrt und unterdrückt die Winde; die Vermehrung findet bei ihrem Aufgang und Untergang, die Verminderung zur Sommerzeit um Mittag statt. Daher ruhen sie größtenteils in der Mitte des Tages oder der Nacht, indem sie durch die allzu große Kälte oder Hitze vertrieben werden. Auch durch Regen werden die Winde beschwichtigt. Aber fast immer sind wir ihrer gewärtig, wenn zerrissene Wolken den Himmel

---

137 9 Uhr morgens. Der Tag fing bei den Römern nach unserer Zeitrechnung um 6 Uhr morgens an.

138 Dieser Satz wird verständlich, wenn man sich, im Sinne der Alten, die nördliche Weltgegend weit höher denkt als die südliche.

durchblicken lassen. *130* Eudoxos[139] glaubt, dass (wenn man die geringsten Nebenumstände beachten würde) alle vier Jahre dieselben Wind- und Witterungswechsel wiederkehren. Der Anfang dieser vierjährigen Periode ist im Schaltjahr, beim Aufgang des Hundssterns. So viel von den allgemeinen Winden.

49. Der Eknephias und Typhon

131 Nun gehen wir zu den plötzlich entstehenden Winden über, welche sich, wie gesagt,[140] aus den Dünsten der Erde erzeugen, dann aber, mit einer Wolkenhülle umgeben, niederstürzen und in vielfacher Gestalt erscheinen. Umherschweifend und gleich reißenden Strömen fortstürzend erzeugen sie (nach der oben angeführten Meinung einiger)[141] Donner und Blitz. Wenn sie mit größerer Kraft und schnellerem Anlauf eine trockene Wolke durchbrechen, so entsteht der Sturmwind, den die Griechen Eknephias nennen. Haben sie aber, enger zusammengerollt, die Wolke in einem flachen Bogen durchbrochen, jedoch ohne Feuer, d.h. ohne Blitz, dann bilden sie einen Wirbel, welcher Typhon oder gewirbelter Eknephias heißt. *132* Dieser nimmt ein abgerissenes Stück von der kalten Wolke mit sich, und, indem er es wälzt und dreht und seine Zerstörung durch jenes Gewicht noch beschleunigt wird, zieht er in reißendem Wirbel von Ort zu Ort. Besonders den Seefahrern ist er ein gefährliches Übel, denn er zerbricht nicht nur die Segelstangen, sondern die Fahrzeuge selbst. Mit einem sehr billigen Mittel kann man sich gegen ihn schützen; man gießt ihm nämlich Essig, dessen Natur sehr kühlend ist, entgegen. Wird er nach heftigem Anprallen zurückgestoßen, so reißt er das Ergriffene saugend mit sich in die Höhe.

---

139 Aus Knidos, ein Schüler Platos, war Arzt und Geometer und starb 348 v.Chr.
140 Vgl. 42. Kap.
141 Vgl. 43. Kap.

50. Wirbel, feurige Wirbelwinde, Drehwinde und andere merkwürdige Sturmarten

133 Wenn er die gepresste Wolke in einer größeren Höhlung, die aber nicht so weit ist wie beim Sturmwind, mit Krachen durchbricht, so heißt er Wirbelwind,[142] und reißt dann alles nieder, was ihm nahe steht. Ist er aber heiß und zündet er während seines Tobens, so nennt man ihn feurigen Wirbelwind;[143] er verbrennt und vernichtet alles, was er berührt. Niemals entsteht aber bei Nordostwind der Typhon noch im Winter, oder wenn Schnee liegt, der Eknephias. Wenn Letzterer beim Durchbruch der Wolke sich entzündet, das Feuer aber schon bei sich gehabt und nicht erst empfangen hat, so wird er zum Blitz. Er unterscheidet sich vom Prester, wie die Flamme vom Feuer. *134* Dieser verbreitet sich durch sein Blasen weit und breit, jener wird durch seine Heftigkeit zusammengeballt. Der Drehwind[144] unterscheidet sich vom Wirbelwind durch sein Wiederkehren ebenso wie ein prasselndes Geräusch vom Knall. Von beiden aber ist der Sturmwind[145] durch seine Breite verschieden; er treibt die Wolken mehr auseinander, als er sie durchbricht. Es gibt auch schwarze, ungeheuren Tieren ähnliche Wolken, welche für den Schiffer unheildrohend sind. Man nennt sie Säulen, wenn die verdickte und starre Feuchtigkeit sich selbst aufrechthält. Zu derselben Gattung gehört ferner die Wolke, welche gleich einer Röhre das Wasser an sich zieht.

---

142 Turbo.
143 Prester.
144 Vortex.
145 Procella.

51. Von den Blitzen; in welchen Ländern es nicht blitzt und warum

135 Im Winter und Sommer sind, aus entgegengesetzten Ursachen, die Blitze selten, denn im Winter wird die ohnehin dichte Luft durch die dickere Wolkenhülle noch mehr verdichtet; alle Ausdünstung der Erde ist starr und eisig, und was sie an Feuerstoff empfängt, erlöscht. Aus diesem Grund ist Skythien samt den umliegenden kalten Ländern frei von Blitzen; dagegen hat in Ägypten die allzu große Hitze dieselben Folgen, denn die heißen und trockenen Dünste der Erde verdichten sich nur selten, und dann nur zu dünnen, lockeren Wolken. *136* Allein im Frühling und im Herbst entstehen häufiger Blitze, weil die Ursachen, welche ihrem Entstehen im Winter und Sommer hinderlich sind, in jenen beiden Jahreszeiten wegfallen. Daher wird Italien oft von Blitzen heimgesucht, denn die bewegliche Luft des milderen Winters und feuchten Sommers gleicht gewissermaßen derjenigen im Frühling und Herbst. Auch in den mehr südlich gelegenen Gegenden Italiens, wie um Rom und in Kampanien, blitzt es sowohl im Sommer wie im Winter, was in anderen Ländern nicht geschieht.

52. Arten der Blitze und ihre wunderbaren Eigenschaften

137 Man gibt von den Blitzen selbst mehrere Arten an. Die trockenen zünden nicht, sondern zerschmettern nur; die feuchten brennen nicht, sondern sengen nur. Eine dritte Art, der helle Blitz genannt, ist von wunderbarer Beschaffenheit; er leert die Fässer aus, ohne sie im Geringsten zu beschädigen oder sonst eine Spur zu hinterlassen. Er schmilzt Gold, Silber und Kupfer in den Beuteln, ohne die Letzteren zu verbrennen, und nicht einmal das wächserne Siegel wird dadurch verletzt. Marcia, eine vornehme Römerin, wurde während ihrer Schwangerschaft vom Blitz getroffen und blieb selbst ohne eine weitere Verletzung am Leben, während ihre Leibesfrucht getötet ward. Unter anderen Wunderzeichen während der Catilinarischen Verschwörung ereignete es sich auch, dass der Dekurio[146] M. Herennius aus der Pompejanischen Kolonie[147] an einem heiteren Tag vom Blitz erschlagen wurde.

53. Beobachtungen der Etrusker und Römer über dieselben

138 In den Schriften der Etrusker[148] wird angegeben, dass neun Götter die Blitze entsenden und dass es elf Arten derselben gebe; Jupiter allein schleudere drei davon. Die Römer haben nur zwei behalten, und schreiben die am Tag erfolgenden dem Jupiter, die nachts entstehenden dem Summanus[149] zu. Die Letzteren sind wegen des kälteren Himmels seltener. In Etrurien glaubt man, es brächen auch Blitze aus der Erde hervor, und nennt sie unterirdische. Sie erfolgen im Winter und sind äußerst wütend und schrecklich, denn sie haben alle einen irdischen Ursprung und gehören nicht zu den allgemeinen, welche von den Gestirnen herabkommen, sondern erzeugen sich aus den nächsten und unreinen Stoffen der Natur. Der auffallende Unterschied beider Arten liegt darin, dass alle vom Himmel kommenden Blitze schräg, die sogenannten irdischen aber gerade einschlagen. *139* Da sie aber aus einem uns näheren Stoff fallen, so glaubt man, sie kommen aus der Erde, weil sie keine Spur ihres Zurückprallens zeigen; allein dieses Verhalten spricht nicht für einen von unten kommenden Schlag, sondern für einen diesem gerade entgegengesetzten. Diejenigen, welche die Sache genauer untersucht haben, glauben, sie kämen vom Saturn herab, so wie die zündenden vom Mars. Durch einen solchen Blitz ward Volsinii,[150] die reichste Stadt der Etrusker, ganz verbrannt.

---

146 Ratsherr eines Munizipiums.
147 Pompeji.
148 Etrusker oder Hetrurier.
149 Gott der Unterwelt (*Summus manium*).
150 Bolsena.

Familienblitze nennt man die für das ganze Leben bedeutungs-
vollen, welche dem, der eine Familie begründet, zum ersten Mal
erscheinen. Übrigens glaubt man, dass die Vorbedeutungen der
Blitze in Privatangelegenheiten sich nicht über zehn Jahre hinaus
erstrecken, ausgenommen diejenigen, welche am Geburtstag
und bei der ersten Heirat erscheinen; in öffentlichen Angelegenheiten weissagen sie nicht über 30 Jahre, ausgenommen bei der
Anlegung neuer Städte.

54. Von der Beschwörung der Blitze

140 In den Jahrbüchern[151] findet man, dass durch gewisse Opfer
und Gebete die Blitze weggebannt und herbeigerufen werden
können. Eine alte Sage in Etrurien erzählt, man habe, als einst ein
Ungeheuer, Volta genannt, die Äcker verwüstete und die Stadt
Volsinii bedrohte, Blitze herbeigerufen. Auch Porsenna,[152] der
dortige König, erflehte Blitze; und dass vor ihm Numa[153] dasselbe
getan habe, berichtet L. Piso,[154] ein glaubwürdiger Schriftsteller
im ersten Buch seiner Annalen; T. Hostilius[155] habe ihn darin, aber
weniger glücklich, nachgeahmt, denn er sei vom Blitz erschlagen
worden. Wir haben zu diesem Behufe Haine, Altäre und heilige
Gebräuche; und neben dem Iupiter Stator,[156] Tonans[157] und Fe-
retrius[158] haben wir auch einen Iupiter Elicius[159] angenommen.

---

151 Annalen waren von den Priestern geführte Bücher, über die Hauptereignisse eines
   jeden Jahres, aus welchen die späteren Historiker ihren Stoff schöpften.
152 König von Clusium in Etrurien, im 6. Jh. v.Chr., zu dem der aus Rom vertriebene
   Tarquinius flüchtete.
153 Numa Pompilius, der zweite römische König, 715–670 v.Chr.
154 L. Calpurnius Piso, ein verdienter Staatsmann, der 133 v.Chr. das Konsulat bekleidete.
155 Enkel des Hostus Hostilius, dritter römischer König, 670–638 v.Chr.
156 Romulus gelobte dem Jupiter einen Tempel, wenn er die vor den Sabinern fliehen-
   den Römer zum Stehen bewegen würde. Liv. I. B., 12. Kap.
157 Der Donnerer.
158 Romulus weihte dem Jupiter einen Tempel und brachte ihm die König Acro von
   Caenina abgenommene Beute dar, welche auf einer Bahre (*feretrum*) getragen
   wurde.
159 Der Herabgelockte. Numa soll nämlich die Kunst verstanden haben, durch zaube-
   rische Gebräuche den Jupiter vom Olymp zu sich herab zu locken.

141 Im gemeinen Leben hegt man hierüber verschiedene Meinungen, die sich nach den Ansichten eines jeden richten. Es ist ein kecker Gedanke, die Natur beherrschen zu wollen, und nur ein schwacher Verstand wird behaupten, dass man Naturkräften durch Opfer ihren Einfluss nehmen könne; ja die Kenntnis in der Erklärung der Blitze ist schon so weit gekommen, dass man mit ihrer Hilfe zukünftige Blitze auf den Tag bestimmt vorhersagt und, wie aus unzähligen Erfahrungen des öffentlichen und Privatlebens hervorgeht, bestimmt, ob sie das Schicksal ändern oder das Kommen neuer Ereignisse andeuten. Mögen diese Dinge nun, wie es ihre Natur mit sich bringt, einigen als gewiss, anderen als zweifelhaft, anderen als erwiesen, anderen als verwerflich erscheinen; wir wollen die übrigen Erscheinungen, welche hierbei noch bemerkenswert sind, nicht übergehen.

55. Allgemeine Bemerkungen über die Blitze

142 Dass der Blitz eher gesehen als der Donner gehört wird, obgleich beide zu gleicher Zeit entstehen, ist gewiss, aber auch kein Wunder, denn das Licht pflanzt sich weit schneller fort als der Schall. Die Natur hat es zwar so eingerichtet, dass Schlag und Schall in demselben Moment zusammenfallen; aber der Schall ist die Wirkung des ausfahrenden, nicht des einschlagenden Blitzes. Noch schneller als der Blitz ist die Luft, daher wird alles eher erschüttert und angeweht, als vom Strahl getroffen, auch niemand vom Blitz erschlagen, der ihn zuvor gesehen oder den Donner gehört hat. Die Blitze, welche von der linken Seite herkommen, werden für glücklich gehalten, weil der Sonnenaufgang uns zur linken Seite der Welt liegt. Jedoch wird dabei nicht auf seine Ankunft als vielmehr auf seine Rückkehr Rücksicht genommen; ob nämlich sogleich nach dem Schlag Feuer abspringt, oder ob nach vollendetem Schlage oder nach verlöschtem Feuer die Luft sogleich wiederkehrt. *143* Die Etrusker haben zu diesem Zweck den Himmel in 16 Teile geteilt. Der erste Teil erstreckt sich vom Norden bis zum Äquinoktial-Aufgang; der zweite von da bis Mittag; der dritte von hier bis zum Äquinoktial-Untergang; der vierte enthält den übrigen Raum von da bis zum Norden. Jeder dieser Teile zerfällt wiederum in vier, von denen acht die dem Sonnenaufgang links und acht die demselben rechts liegenden genannt werden. Von allen Blitzen haben nun diejenigen die schrecklichste Bedeutung, welche von West nach Nord sich zeigen. Es kommt also sehr viel darauf an, von woher sie ziehen und wohin sie sich wenden. Am besten ist es, wenn sie da, wo sie entstanden sind, wieder hineilen. **144** Kommen sie daher vom ersten Teil des Himmels her und kehren wieder dahin zurück, so verkünden sie das größte Glück, wie dergleichen dem Diktator Sulla[160] widerfahren sein soll. Die Blitze, welche von den übrigen Teilen kommen, sind weniger Glück bringend oder Unheil verkündend. Manche Blitze soll man weder nennen, noch nennen hören dürfen, es sei denn, dass man einem Gastfreund oder Verwandten davon erzählte. Wie unsicher diese Beobachtung ist, hat sich in Rom erwiesen, als unter dem Konsul Scaurus,[161] welcher bald darauf der Erste unter seinen Amtsgenossen wurde, der Blitz in den Tempel der Juno einschlug.

145 Blitz ohne Donner bemerkt man mehr bei Nacht als bei Tag. Das einzige lebende Wesen, welches er nicht immer tötet, ist der Mensch, die übrigen sterben auf der Stelle. Die Natur scheint ihm diesen Vorzug deshalb gegeben zu haben, weil ihn so viele Tiere an Stärke übertreffen. Alle Tiere liegen auf der dem Schlag entgegengesetzten Seite; der Mensch stirbt nicht, wenn er nicht auf die getroffene Stelle geworfen wird; die von oben Getroffenen werden sitzend, die wachend Getroffenen mit geschlossenen Augen und die schlafend Getroffenen mit offenen Augen gefunden. Nach religiösen Vorschriften soll ein vom Blitz erschlagener Mensch nicht verbrannt, sondern beerdigt werden. Kein Tier wird, wenn es nicht schon tot war, vom Blitz angezündet. Die vom Blitz herrührenden Wunden sind kälter als der übrige Körper.

---

160 Geb. 147, gest. 78 v.Chr.
161 115 v.Chr.

56. Was der Blitz niemals trifft

146 Von allem, was die Erde hervorbringt, wird der Lorbeerbaum nicht vom Blitz getroffen, und nie dringt er über fünf Fuß tief in die Erde. Daher halten Furchtsame sich in tiefen Höhlen oder auch in Zelten aus den Fellen der Seekälber für sicher, denn dies Tier ist das einzige unter den Seegeschöpfen, welches der Blitz nicht verletzt, sowie unter den Vögeln der Adler, weswegen derselbe als Träger dieses Geschosses abgebildet wird. In Italien zwischen Terracina und dem Tempel der Feronia[162] werden in Kriegszeiten keine Türme mehr erbaut, weil keiner derselben vom Blitz verschont blieb.

57. Von Milch-, Blut-, Fleisch-, Eisen-, Wolle- und Ziegelsteinregen

147 Außerdem finden sich, was die untere Region des Himmels betrifft, Nachrichten, dass es unter den Konsuln M. Acilius und C. Porcius[163] und auch sonst noch Milch und Blut geregnet habe; ferner Fleisch, unter den Konsuln P. Volumnius und Servius Sulpitius,[164] und die Stücke, welche die Vögel nicht weggeholt hätten, sollen nicht verfault sein. Auch Eisen regnete es in Lukanien ein Jahr zuvor, ehe M. Crassus nebst allen lukanischen Soldaten, von denen sich eine große Anzahl bei seinem Heer befand, von den Parthern niedergemacht wurde.[165] Im Äußeren glich das herabgefallene Eisen Schwämmen; die *haruspices* hatten auch schon vorher vor Wunden, welche von oben kämen, gewarnt. Unter den Konsuln L. Paulus und E. Marcellus[166] regnete es in der Nähe des compsanischen Kastells[167] Wolle; ein Jahr danach wurde dort

---

162 Göttin der Freiheit und Beschützerin der Wälder und Haine. Der Tempel lag an der Stelle des heutigen Lago di Ferona.
163 640 nach Roms Erbauung oder 114 v.Chr.
164 293 nach Roms Erbauung oder 461 v.Chr.
165 701 nach Roms Erbauung oder 53 v.Chr.
166 704 nach Roms Erbauung oder 50 v.Chr.
167 Bei Compsa (Conza).

T. Annius Milo getötet. Die öffentlichen Urkunden[168] berichten auch, dass es, als jener seine Rechtssache verteidigte, Ziegelsteine geregnet habe.

58. Waffengeklirr und Hörnerschall, vom Himmel her gehört

148 Man erzählt, dass während des Kimbernkriegs[169] und auch häufig früher und später Waffengeklirr und Hörnerschall vom Himmel herab gehört worden sei. Aber unter dem 3. Konsulat des Marius[170] sahen die Ameriner und Tuderter Waffen am Himmel, die von Morgen und Abend her gekommen so lange miteinander kämpften, bis die Letzteren zurückgedrängt waren. Dass selbst der ganze Himmel brennt, ist keineswegs wunderbar und schon oft gesehen, wenn die Wolken von einem großen Feuer ergriffen wurden.

59. Steine, die vom Himmel fallen, und Ansichten des Anaxagoras darüber

149 Die Griechen rühmen von Anaxagoras[171] aus Klazomenai, dass derselbe im 2. Jahre der LXXVIII. Olympiade[172] vermöge seiner Kenntnis in der Astronomie vorhergesagt habe, an welchem Tag ein Stein aus der Sonne fallen werde, und dass dies wirklich in einer Gegend von Thrakien am Fluss Aegos[173] bei Tage geschehen sei. Dieser Stein, von der Größe eines beladenen Wagens und von brandiger Farbe, wird noch jetzt gezeigt. Um jene Zeit stand auch ein feuriger Komet am Himmel. Wer aber an eine solche Vorhersage glaubt, der muss notwendig auch zugeben, dass die Weissagungskraft des Anaxagoras ein noch größeres Wunder

---

168 Acta, eine Art Zeitungen, welche unter Iulius Caesar aufkamen.
169 101 v.Chr.
170 103 v.Chr.
171 Geb. 500 v.Chr., starb 428 zu Lampsakos.
172 407 v.Chr.
173 An der Straße der Dardanellen.

war; und unsere Einsicht in das Wesen der Dinge würde in Nichts zerfallen und in gänzliche Verwirrung geraten, wenn entweder die Sonne selbst ein Stein wäre oder man glaubte, dass jemals ein Stein auf ihr gewesen sei. *150* Dass aber dennoch häufig Steine herabfallen, wird darum keinen Zweifel erleiden. In der Fechtschule zu Abydos[174] wird noch heutzutage ein Stein, der zwar nur klein ist, dessen Herabfallen mitten auf das Land aber Anaxagoras ebenfalls vorausgesagt haben soll, heilig verwahrt. Auch zu Kassandria, welches jetzt Potidaia[175] heißt, wird ein solcher Stein aus derselben Veranlassung verehrt. Ich selbst habe im Gebiet der Vocontier[176] einen gesehen, der erst kurz vorher herabgefallen war.

60. Der Regenbogen

Was wir Regenbogen nennen, ist eine häufige, weder mit Wundern noch Deutungen begleitete Erscheinung; denn nicht einmal Regen oder heiteres Wetter zeigt er mit Sicherheit an. Es ist offenbar, dass der in eine hohle Wolke einfallende Sonnenstrahl an der Spitze gebrochen und gegen die Sonne zurückgeworfen wird; und dass die Verschiedenheit der Farben aus der Mischung der Wolken, der Luft und des Feuers hervorgeht. Er entsteht in der Tat auch nur auf der der Sonne entgegengesetzten Seite, und niemals anders als in der Gestalt eines Halbkreises; auch erscheint er nie des Nachts, obgleich Aristoteles angibt, dass man um diese Zeit einst einen solchen gesehen habe, zugleich gesteht er aber, dass dies nur am 14. Tag nach dem Neumond möglich sei. *151* Die meisten Regenbögen bilden sich im Winter, vom Herbst-Äquinoktium an, wenn die Tage abnehmen. Wenn diese wieder zunehmen, also vom Frühlings-Äquinoktium an, erscheinen sie ebenso wenig wie zur Zeit des Sommer-Solstitiums in den längsten Tagen. Im

---

174 Es gab mehrere Orte dieses Namens, einen in Troas, einen in Thebais und einen in Japygia.

175 Auf der Landspitze Pallene in Makedonien, heute Nea Potidea.

176 Jetzt Vaison im südlichen Frankreich.

Winter-Solstitium, an den kürzesten Tagen, sind sie sehr häufig. Sie stehen hoch, wenn die Sonne tief, und tief, wenn die Sonne hoch steht; sie sind morgens und abends kleiner, aber breiter, mittags schmäler, aber von größerem Umfang. Im Sommer sieht man sie des Mittags nicht, jedoch nach dem Herbst-Äquinoktium zu jeder Stunde. Nie erscheinen auf einmal mehr als zwei.

61. Beschaffenheit des Hagels, Schnees, Reifs, Nebels, Taus, der Wolken; Bilder in den Wolken

152 Die übrigen hierher gehörigen Naturerscheinungen dürften wohl den meisten klar sein. Der Hagel entsteht aus gefrorenem Regen, der Schnee aus derselben, nur lockerer vereinigten Feuchtigkeit, der Reif aber aus erstarrtem Tau. Im Winter fällt Schnee, aber kein Hagel, dieser selbst am Tag öfter als in der Nacht und zergeht schneller als der Schnee. Nebel entstehen weder im Sommer noch bei strenger Kälte; Tau fällt weder bei Kälte noch bei Hitze noch beim Wind, sondern in heiteren Nächten. Durch den Frost wird die Wassermasse verringert und, wenn das Eis auftaut, dieselbe Quantität nicht wiedergefunden. In den Wolken nimmt man verschiedene Farben und Gestalten wahr, je nachdem das beigemischte Feuer die Oberhand hat oder untergeordnet ist.

62. Beschaffenheit des Himmels an verschiedenen Orten

153 Außerdem zeigen einige Orte gewisse Eigentümlichkeiten. So hat man in Afrika im Sommer tauige Nächte. In Italien zu Lokroi[177] und am Velinischen See[178] erscheinen jeden Tag Regenbögen. Zu Rhodos und Syrakus ist der Himmel nie so sehr mit Wolken bedeckt, dass man nicht wenigstens zu einer Stunde des Tages

---

177 Jetzt Motta di Burzano.
178 Jetzt Lago di Luco.

die Sonne sehen kann. Alles dies werde ich jedoch passender bei den betreffenden Orten vortragen. So viel von der Luft.

63. Beschaffenheit der Erde

154 Nun folgt die Erde, welcher wir, wegen ihrer großen Verdienste, allein von allen Teilen der Welt den Namen und die Verehrung einer Mutter verliehen haben. Sie ist dem Menschen das, was der Gottheit der Himmel ist; sie nimmt uns bei der Geburt auf, ernährt und erhält uns fortwährend, und zuletzt, wenn die übrige Natur sich von uns lossagt, empfängt sie uns in ihrem Schoß und bedeckt uns als eine liebende Mutter. Durch kein Verdienst ist sie uns heiliger, als dass sie uns selbst heilig macht; auch trägt sie unsere Monumente und Inschriften und pflanzt so unsere Namen und unser Andenken weit über das kurze Leben hinaus fort. Im Zorne rufen wir sogar ihre Gottheit gegen die Toten an, als ob wir nicht wüssten, dass sie es allein ist, welche nie einem Menschen zürnt.

155 Die Wasser werden zu Regen, erstarren zu Hagel, schwellen zu Fluten an und stürzen als reißende Ströme daher; die Luft verdichtet sich zu Wolken und wütet in Stürmen. Aber diese gütige, milde, geduldige und dem Sterblichen stete Dienerin, was bringt sie nicht durch Anbau hervor! Was spendet sie nicht schon freiwillig! Welche Gerüche, Speisen, Säfte, dem Gefühle angenehme Dinge, welche Farben! Mit welcher Treue gibt sie das ihr anvertraute Gut verzinst zurück, und was ernährt sie nicht um unsertwillen! Denn die giftigen Tiere, an deren Dasein ihr belebender Geist schuld ist, muss sie, durch diesen befruchtet, aufnehmen und nach der Geburt erhalten. Aber die Schuld liegt an denen, welche das Übel erzeugen. Sie nimmt die Schlange, welche einen Menschen tötete, nicht wieder auf und vollführt die Strafen im Namen der Trägen; sie spendet heilsame Kräuter und zeugt nur immer für den Menschen. *156* Ja es ist wahrscheinlich, dass sie auch die Gifte aus Erbarmen mit uns hervorgebracht hat, damit nicht, beim Überdruss des Lebens, der Hunger, eine den

Verdiensten der Erde ganz fremde Todesart, uns langsam verzehrend aufreibe; oder Felsen den zerrissenen Körper zerstreuen; ferner, damit nicht der Strick uns auf unnatürliche Weise martere und den Geist einschließe, der einen Ausweg sucht; damit nicht, wenn wir im Wasser den Tod suchen, unsere Leiche zum Fraß werde: damit endlich nicht das Eisen unseren Körper zerteile. So erzeugte sie aus Erbarmen etwas, durch dessen leichten Genuss wir mit unverletztem Körper und vollem Blut, ohne Mühe, gleich Dürstenden das Leben aushauchen, damit die so Gestorbenen kein Vogel oder wildes Tier berühre und der in der Erde bewahrt werde, welcher sich selbst den Tod gab. *157* Um die Wahrheit zu gestehen, so gab uns die Erde das Mittel wider die Übel, wir machen es aber zum Gift für das Leben. Denn bedienen wir uns nicht des Eisens, welches wir nicht entbehren können, auf ähnliche Weise? Und dennoch haben wir unrecht zu klagen, wenn sie auch die Ursache irgendeines Übels wäre, und nur gegen diese eine Seite der Natur sind wir undankbar. Zu welchem Vergnügen und zu welchen Schandtaten ist sie nicht dem Menschen behilflich? Sie wird ins Meer geworfen oder, um Kanäle zu bauen, aus dem Wasser hervorgegraben; mit Eisen, Holz, Feuer, Steinen und Früchten wird sie stets gequält, mehr um des Vergnügens als der Nahrung willen. *158* Das würde noch erträglich erscheinen, was man an ihrer Oberfläche vornimmt. Allein wir dringen auch in ihr Inneres, graben nach Gold und Silber, Erz und Blei; sogar edle und andere kleine Steine suchen wir in tief angelegten Schächten. Wir reißen ihre Eingeweide heraus, um den Stein, welchen wir suchen, am Finger zu tragen. Wie viele Hände sind bemüht, damit nur ein Glied glänzen kann! Wenn es unterirdische Menschen gäbe, wahrhaftig durch jene habgierigen und schwelgerischen Gräber wären sie längst herausgescharrt. Sollen wir uns nun noch wundern, wenn sie etwas zu unserem Nachteil hervorgebracht hat! *159* Denn die wilden Tiere, glaube ich, schützen sie noch und halten die räuberischen Hände ab. Graben wir nicht mitten unter Schlangen, und suchen die Goldadern bei giftigen Wurzeln? Allein die Göttin ist deshalb versöhnt, weil alle diese Quellen des

Reichtums zu Verbrechen, Mord und Krieg führen, weil wir sie mit unserm Blut benetzen und mit unseren unbegrabenen Gebeinen bedecken. Jedoch, nachdem sie uns gleichsam unsere Wut vorgeworfen hat, bedeckt sie endlich selbst jene Gebeine und verbirgt so die Schlechtigkeiten der Menschen. Unter die Verbrechen der Undankbarkeit möchte ich auch noch das zählen, dass wir mit ihrer Natur noch nicht gehörig vertraut sind.

64. Von ihrer Gestalt

160 Ihre Gestalt aber ist das Erste, worüber man einerlei Meinung hat. Mit Recht nennen wir sie Erdkreis und geben zu, dass ihre Kugelform von Spitzen umschlossen sei. Denn bei der ungeheuren Höhe der Berge und Fläche der Felder kann sie keine vollkommene Kugel darstellen; aber, wenn man die äußersten Endpunkte durch eine Umfangslinie verbindet, dann entsteht ein vollkommener Kreis. Die ganze Anordnung der Natur erheischt dies schon, nur nicht aus denselben Ursachen, welche wir bei dem Himmel angegeben haben. Denn dieser bildet eine in sich selbst geneigte Hohlkugel, die allenthalben in ihrer Angel, d.i. der Erde ruht. Diese dagegen, fest und voll, erhebt sich gleichsam aufschwellend und strebt nach außen. Die Welt neigt sich zum Mittelpunkt, allein die Erde geht vom Zentrum aus, indem ihre ungeheure Masse durch den beständigen Umschwung der Welt um sie in der Kugelform erhalten wird.

65. Ob es Gegenfüßler gibt

161 Bei den Gelehrten und dem gemeinen Volk herrscht ein großer Streit darüber, ob die Erde allenthalben von Menschen bewohnt sei, die einander die Füße entgegenkehren, ob sie alle denselben Scheitelpunkt am Himmel haben, und auf gleiche Weise an jedem Ort in der Mitte stehen. Die Letzteren dagegen werfen die Frage auf, woher es denn komme, dass die Gegenfüßler nicht fielen? Als ob die Gegenfüßler sich nicht eben so gut darüber wundern könnten, dass wir nicht fallen. Dazu gesellt sich noch eine andere, wenngleich nur dem dummen Volk wahrscheinliche Meinung, dass die Erde, da sie nur eine unvollkommene Kugel, etwa wie eine Pinienfrucht gestaltet sei, doch allenthalben bewohnt werde. *162* Doch was bedeutet dies gegen ein anderes Wunder, was sich uns darbietet? Sie schwebt sogar frei und fällt nicht mit uns herab. Allein, lässt sich die Kraft der Luft, die außerdem noch von der Welt eingeschlossen ist, bezweifeln, und kann die Erde fallen, da die Natur ihr widerstrebt, und ihr keinen Raum lässt, wohin sie falle? Denn so wie der Sitz des Feuers nur im Feuer, der des Wassers nur im Wasser und der Luft nur in der Luft selbst ist, so hat die Erde, allenthalben eingeschlossen, nur in sich selbst Platz. Wunderbar erscheint es aber doch, dass sie bei der ungeheuren Fläche des Meeres und der Ebene noch eine Kugel bildet. Dieser Meinung pflichtet auch Dikaiarchos,[179] ein sehr gelehrter Mann bei, der auf Befehl der Könige[180] die Berge ausmaß, unter denen er den Pelion[181] als den höchsten zu 1250 Schritten nach der senkrechten Höhe angab, und sagte, dass diese Höhe im Vergleich zu dem ganzen Umfang der Erde ganz verschwinde. Mir scheint diese Behauptung unzuverlässig, denn ich kenne Alpenspitzen, die sich in langem Zug bis zu 50 000 Schritten[182] erheben. *163* Aber am meisten widerstreitet der Pöbel, wenn er sich die Oberfläche des Meeres auch als gerundet denken soll. Und doch gibt es in der ganzen Natur nichts, was durch den bloßen Anblick begreiflicher wäre; denn auch herabhängende Tropfen bilden Kugeln, und bringt man sie auf Staub oder wollige Blätter, so erscheinen sie ebenfalls in vollkommener Kugelgestalt, und in gefüllten Bechern steht der mittlere Teil am höchsten. Alles dies lässt sich wegen der Zartheit und Weichheit des Wassers leichter durch Vernunftschlüsse als durch den bloßen Anblick einsehen. Noch wunderbarer ist die Erscheinung, dass, wenn man in einen

---

179 Von Messina um 330 v.Chr.; Schüler des Aristoteles.
180 Die Nachfolger Alexanders des Großen.
181 Jetzt Petras in Thessalien.
182 Eine viel zu hohe, offenbar durch Abschreiber entstellte Zahl.

gefüllten Becher nur das Geringste von Flüssigkeit noch hinzu-
gibt, derselbe sogleich überläuft, was hingegen nicht geschieht,
wenn man Gewichte, selbst bis zu 20 Denare schwer, hineinlegt.
Der Grund davon beruht darauf, dass alles, was ins Innere der Flüssigkeit gelangt, diese in die Höhe treibt, aber, was auf die schon
konvexe Fläche gegossen wird, herabläuft. Darum sieht man auch
von den Schiffen aus das Land nicht, was man von Mastbäumen
aus erblickt, und darum scheint bei einem wegsegelnden Schiffe
etwas Glänzendes, das an der Spitze des Mastbaumes befestigt
ist, allmählich hinabzusteigen, und es verschwindet zuletzt ganz.
Unter welcher anderen Gestalt würde endlich der Ozean, den wir
für das Äußerste halten, zusammenhalten und nicht herabfallen,
da ihn kein Ufer einschließt? 164 Gleichwohl bleibt es bei der
Kugelform wunderbar, dass der äußerste Teil des Meeres nicht
abfließt. Dass dies aber nicht stattfinden könne, wenn auch
das Meer so flach wäre, wie es uns scheint, beweisen mehrere
griechische Forscher mit viel Selbstgefälligkeit und Ruhmrederei
durch folgende geometrische Spitzfindigkeit: 165 »Da nach der
einstimmigen Meinung das Wasser von der Höhe zur Tiefe hin-
abgezogen würde, auch niemand daran zweifle, dass dasselbe
so weit sich zum Ufer erstrecke, wie seine Abschüssigkeit es nur
immerhin zugibt; da es ferner bekannt sei, dass, je tiefer etwas
liege, es dem Mittelpunkt der Erde umso näher sei und alle Linien,
welche von diesem Mittelpunkt aus zum nächstliegenden Wasser
gezogen würden, kürzer seien als diejenigen, welche von da bis
zur äußersten Wasserfläche gehen; also strebe die ganze Wassermasse nach dem Mittelpunkt und könne nicht herabfallen, weil
sie nach innen drücke.«

66. Wie das Wasser mit der Erde verbunden ist

166 Man muss annehmen, dass die kunstreiche Natur deshalb
diese Einrichtung getroffen hat, damit, weil die trockene und
dürre Erde für sich nicht ohne Wasser (sein) und wiederum das
Wasser nicht ohne die Stütze der Erde sich halten kann, beide

Elemente durch gegenseitige Verschlingung verbunden würden. Die Erde breitet ihren Schoß aus, das Wasser durchströmt sie von innen, außen und oben, und seine Adern kreuzen sich wie Bande durcheinander, ja selbst auf den höchsten Bergen bricht es hervor. Durch Dünste getrieben und durch die Last der Erde gepresst, springt es wie aus Röhren hervor, und ist so weit entfernt von der Gefahr des Herabfallens, dass es sogar sehr weit in die Höhe treibt. Daraus erklärt es sich denn, warum das Meer durch den täglichen Zufluss so vieler Ströme nicht größer wird. Die Erdkugel ist daher in ihrem mittleren Umfang ganz vom Meer umgürtet. Dies braucht nicht erst durch Beweisgründe erforscht zu werden, sondern ist längst durch die Erfahrung bekannt.

67. Ob der Ozean die Erde rings umgibt

167 Von Gades[183] und den Säulen des Herkules[184] an wird längs der Küste von Spanien und Gallien heutzutage der ganze westliche Teil der Erde befahren. Auch das Nordmeer ist größtenteils schiffbar, denn unter der Regierung des vergöttlichten Augustus fuhr eine Flotte um Germanien herum bis zum Kimbrischen Vorgebirge[185]; von da gelangte man, nachdem man ein unermessliches Meer gesehen oder wenigstens davon gehört hatte, zum skythischen Land und zu wasserreichen, von Eis starrenden Gegenden. Es ist daher gar nicht wahrscheinlich, dass da, wo ein Überfluss an Feuchtigkeit ist, das Meer fehle. Ebenso ist im Osten vom Indischen Meer aus unter demselben Sternbild der ganze gegen das Kaspische Meer liegende Teil[186] durch die makedoni-

---

183 Cadiz in Spanien.
184 So weisen die beiden Berge Abyla und Calpe auf den Küsten von Gibraltar, welche Herkules auf jeder Seite der Meerenge errichtet haben soll, um dem Mittelmeere einen Durchgang zu verschaffen und ein Denkmal zu setzen, wie weit er auf seinen Reisen gekommen sei.
185 Das Skagenkap in Jütland. Die hier gemeinte Fahrt unternahm Drusus; vgl. Tac. ann. II. B., 8. Kap.
186 Nach der damaligen Ansicht bildete das Kaspische Meer einen Busen des Nördlichen Ozeans.

sche Flotte unter der Regierung des Seleukos und Antiochos[187], welche diese Gewässer auch nach ihren Namen benannt wissen wollten, durchschifft worden. *168* Unweit von dem Kaspischen Meer sind auch viele Küsten des Ozeans untersucht, und das ganze Nordmeer ist sowohl von dieser als von jener Seite bis auf eine Strecke durchrudert. Dass aber dennoch den bloßen Vermutungen noch kein Ziel gesteckt ist, beweist der Mäotische See[188] aufs Deutlichste, von dem man immer noch nicht weiß, ob er, wie viele geglaubt haben, einen Busen jenes Ozeans oder ein stehendes, nur durch eine Landenge von ihm getrenntes Gewässer bildet.

Auf der anderen Seite von Gades wird heutzutage von dem Westlichen Ozean her ein großer Teil des Südens längs Mauretanien[189] befahren. Ein noch größerer Teil davon sowie des Ostmeeres bis an den Arabischen Meerbusen ist durch die Siege Alexanders des Großen[190] bekannt geworden. Als auf Letzterem C. Caesar, der Sohn des Augustus Krieg führte, soll man Überbleibsel von früher daselbst gestrandeten spanischen Schiffen gefunden haben. *169* Auch Hanno[191] segelte, als Karthagos Macht noch blühte, von Gades bis zur arabischen Küste, und gab darüber eine Schrift heraus. Zu derselben Zeit wurde Himilco[192] ausgesandt, um die äußersten Grenzen Europas kennenzulernen. Außerdem erzählt Cornelius Nepos, dass zu seiner Zeit ein gewisser Eudoxos auf seiner Flucht vor dem König Lathuros[193] vom Arabischen Meerbusen aus nach Gades gesegelt sei; und lange vor ihm berichtet Caelius Antipater,[194] er habe einen gekannt,

---

187 Zu Ende des dritten und zu Anfang des zweiten Jh. v.Chr.
188 Das Asowsche Meer.
189 Fez und Marokko.
190 Sohn Philipps II. von Makedonien und der Olympias, geboren zu Pella den 6. August 356 v.Chr., gest. 323.
191 Karthagischer Feldherr aus dem 6. Jh. v.Chr.
192 Ebenfalls ein Karthager.
193 Dies war der Beiname des ägyptischen Königs Ptolemaios VIII., der von 117–81 v.Chr. regierte.
194 L. Caelius Antipater aus Kotyaion, geboren 20 v.Chr., beschrieb unter den Römern zuerst den Zweiten Punischen Krieg.

welcher von Spanien nach Äthiopien in Handelsangelegenheiten geschifft sei. *170* Derselbe Nepos sagt von den nördlichen Küsten, dass Quintus Metellus Celer, der Mitkonsul des L. Africanus, aber damals noch[195] Prokonsul in Gallien, von dem König der Sueven einige Inder zum Geschenk erhalten habe, die des Handels wegen von Indien gesegelt und durch Stürme nach Germanien verschlagen worden seien. So entziehen uns die den Erdball allenthalben umfließenden Meere einen Teil desselben, zu dem es weder von uns noch zu uns von ihm her eine wegsame Bahn gibt. Diese Betrachtung, welche besonders die Eitelkeit der Menschen ins Licht stellen kann, veranlasst mich, den ganzen bekannten Erdkreis, auf welchem niemand seiner Habsucht Schranken setzt, gleichsam vor Augen zu stellen und zu zeigen, wie groß er ist.

68. Welcher Teil der Erde bewohnt ist

171 Schon früh scheint man das feste Land als die Hälfte der Erde betrachtet zu haben, als wenn dadurch der Ozean nicht zu kurz käme, da er doch das Ganze rings umgibt, alle anderen Gewässer ausströmt und wiederum in sich aufnimmt, indem alles, was in die Wolken steigt, von ihm ausgeht und er selbst so viele Gestirne ernährt; welchen ungeheuren Raum muss er also einnehmen? Übermäßig und unendlich muss der Umfang dieser ungeheuren Masse sein. *172* Nun denke man hinzu, was von dem übriggebliebenen Teil der Himmel weggenommen hat. Die Erde wird nämlich in fünf Teile geteilt, welche Zonen heißen. Alles, was an den beiden äußersten liegt, wird von heftiger Kälte und ewigem Eis eingeschlossen und grenzt an die beiden Pole, von denen der eine Nordpol und der andere ihm entgegengesetzte Südpol heißt. In beiden herrscht ewige Finsternis, der Anblick der milden Gestirne ist ihnen fremd, und nur ein kärgliches, durch den Reif weißliches Licht ihnen verliehen. Der mittlere Erdgürtel aber, den die Sonne umkreist, ist von der Hitze verbrannt und gänzlich ausgedörrt. Nur

---

195 63 v.Chr.

die beiden Zonen, zwischen der heißen und kalten, sind gemäßigt, stehen aber wegen des Brandes der Sonne nicht miteinander in Verbindung. *173* So hat also der Himmel der Erde drei Teile entrissen; was der Ozean weggenommen, ist unbestimmt.

Aber ich weiß nicht, ob der uns noch übrig gebliebene Teil sich nicht in größerer Gefahr befindet; denn der Ozean, welcher (wie ich noch zeigen werde) so viele Busen bildet, tobt mit solcher Wut auf die benachbarten Inneren Meere ein, dass z.B. der Arabische Meerbusen nur noch 115000 Schritte vom Ägyptischen und der Kaspische See nur noch 375000 Schritte vom Pontischen Meer entfernt ist. Ferner dringt er in so viele Meere, durch welche er Afrika, Europa und Asien voneinander trennt; wie viel Land nimmt er also ein? *177* Hierzu rechne man die Größe so vieler Flüsse, so großer Seen, Sümpfe und stehenden Gewässer, und ziehe noch ab die zum Himmel emporstrebenden, steilen Bergrücken, jähe Wälder und Schluchten, einsame und aus tausend Ursachen wüste Gegenden! Dieser Teil der Erde, dieser, wie einige sie genannt haben, Punkt der Welt (denn im Vergleich mit dem Weltall ist die Erde nichts anderes) ist der Gegenstand und Sitz unseres Ruhmes. Hier bekleiden wir Ehrenstellen, beherrschen Länder, streben nach Schätzen, beunruhigen das menschliche Geschlecht, erregen sogar Bürgerkriege und machen uns durch gegenseitigen Mord die Erde geräumiger. *175* Und, um die öffentlichen Volksaufstände zu übergehen, hier ist es, wo wir unsere Grenznachbarn vertreiben, ihre Raine stehlen und zu unserem Acker pflügen; allein, den wievielten Teil der Erde hat der wohl, welcher die Grenzen seiner Felder erweiterte und seine Nachbarn vertrieb? Oder, wenn er auch sein Besitztum nach Maßgabe seiner Habsucht vergrößert hat, wie viel wird er bei seinem Tod davon behalten?

69. Dass die Erde der Mittelpunkt der Welt ist

176 Dass die Erde in der Mitte der Welt liegt, ergibt sich aus mehreren unzweifelhaften Gründen, am deutlichsten aber aus der Gleichheit der Stunden im Äquinoktium. Denn dass, wäre sie nicht in der Mitte, auch keine gleichen Tage und Nächte stattfinden könnten, beweisen schon die Diopter,[196] nach welchen zur Äquinoktialzeit Aufgang und Untergang in ein und derselben Linie sowie der Solstitial-Aufgang und Brumal-Untergang in einer Linie liegen. Alles dies könnte auf keine Weise stattfinden, wenn die Erde nicht in der Mitte läge.

70. Von der schrägen Lage der Erdgürtel

177 Drei über den oben genannten Zonen liegende Kreise bestimmen die Ungleichheit der Zeiten. Der Solstitialkreis, welcher sich, an dem für uns höchsten Teil des Tierkreises befindet, liegt nach Norden; der Brumalkreis nach dem anderen Pol hin, mitten aber durch den Tierkreis zieht sich der Äquinoktialkreis.

71. Von der Ungleichheit der Klimata

Die Ursache der übrigen von uns bewunderten Erscheinungen liegt in der Gestalt der Erde selbst, so wie ihre und mit ihr der Gewässer kugelrunde Form aus denselben Gründen hervorgeht. Daher kommt es denn ohne Zweifel, dass uns die Gestirne am nördlichen Himmel niemals untergehen, hingegen die südlichen niemals aufgehen; ferner werden unsere Sterne von den Bewohnern der südlichen Länder nicht gesehen, weil die Erdkugel den Blicken in den Weg tritt. *178* Im Lande der Troglodyten[197] und dem benachbarten Ägypten sieht man den Nordstern nicht;

---

196 Wörtlich: Durchsichten, auch Sonnenquartanten genannt, ein Instrument, an welchem die Sonne durch eine Öffnung auf eine Fläche fällt, und die Zeit angibt.
197 Nubien und Abessinien.

den Canopus[198], das sogenannte Haar der Berenike, sowie das Gestirn, welches unter dem vergötterten Augustus der Thron des Kaisers genannt wurde, welche doch alle dort wahrzunehmen sind, sieht man in Italien nicht. Ja die Krümmung der Erdkugel ist so merklich, dass der Canopus etwa nur um den vierten Teil eines Zeichens für Alexandrien über den Horizont hervorzuragen scheint, während er zu Rhodos scheinbar die Erde streift; im Pontus, wo der Nordstern am höchsten steht, sieht man jenen gar nicht. Dagegen ist der Nordstern auf Rhodos und noch mehr in Alexandrien unsichtbar; im November bleibt er während der drei ersten Nachtstunden[199] verborgen, in den drei folgenden erscheint er; zu Meroë erscheint er im Solstitium eine kurze Zeit des Abends, und wenige Tage vor dem Aufgang des Bären[200] sieht man ihn gleichfalls bei Tagesanbruch.

179 Dergleichen Erscheinungen bieten sich am häufigsten den Seefahrern da, indem das Meer auf der einen Seite in die Höhe steigt und auf der anderen sich wieder herabsenkt, wodurch dann die Sterne, welche erst hinter dem Erdball verborgen waren, plötzlich sichtbar werden, indem sie gleichsam aus dem Meer hervortauchen. Denn keineswegs erhebt sich (wie einige behaupten) die Welt an diesem (nördlichen) Pol so hoch, dass diese Sterne allenthalben gesehen werden könnten, sondern sie scheinen denjenigen, welche dem Pol näher wohnen, höher, den Entfernteren dagegen tiefer zu stehen. So wie nun den am äußersten Punkt wohnenden jener Pol sehr hoch vorkommt, so erheben sich denen, welche noch darüber hinausgehen, die tiefer liegenden Sterne, und diejenigen senken sich, welche dort am höchsten standen; was alles nicht stattfinden könnte, wenn die Erde nicht die Gestalt eines Balls hätte.

---

198 Ein Stern erster Größe im südlichen Ruder des Schiffes Argo.
199 *Prima vigilia.* Die Römer teilten die Nacht in vier Vigilien, jede von drei Stunden; die Griechen aber hatten bloß drei Vigilien, jede von vier Stunden.
200 Am 21. Februar.

72. Wo die Sonnen- und Mondfinsternisse nicht gesehen werden und warum

180 Daher können die Bewohner des Ostens die am Abend sich zeigenden Sonnen- und Mondfinsternisse ebenso wenig, wie die Bewohner des Westens die am Morgen entstehenden, sehen; öfter aber erscheinen beiden die mittägigen Finsternisse. Als Alexander der Große die große Schlacht bei Arbela[201] gewann, soll daselbst in der zweiten Stunde der Nacht eine Mondfinsternis stattgefunden haben, während sie in Sizilien zur selbigen Zeit beim Aufgang des Mondes eintrat. Vor einigen Jahren, unter den Konsuln Vipstanus und Fonteius[202] sah man in Kampanien am 30. April zwischen der siebten und achten Tagesstunde eine Sonnenfinsternis, welche Corbulo, der damalige Feldherr in Armenien, zwischen der zehnten und elften Tagesstunde bemerkt haben will. So zeigt und verdeckt die Erde durch ihre Kugelform dem Einen dies, dem anderen jenes. Wäre die Erde flach, so würden alle Menschen solche Erscheinungen zugleich sehen, auch würden die Nächte nicht von ungleicher Dauer sein; denn sowohl diejenigen, welche in der Mitte wohnten, als auch alle anderen würden Tage und Nächte von zwölf gleichen Stunden haben.

73. Welche Bewandtnis es mit dem Tageslicht auf der Erde hat

181 Deshalb ist es auch nie auf der ganzen Erde zugleich Tag und Nacht, denn auf der der Sonne entgegengesetzten Hälfte der Kugel entsteht Nacht, und durch ihren Umschwung bringt sie dieser Hälfte den Tag wieder. Dies beweisen viele Erfahrungen. In Afrika und Spanien wurden von Hannibal Türme und in Asien ähnliche Warten gegen die Überfälle der Seeräuber erbaut; wenn man nun auf denselben das Signalfeuer um die sechste

---

201 Am 21. September 331 v.Chr. gegen Darius.
202 59 n.Chr. unter Nero.

Tagesstunde anzündete, so sahen es, wie mehrere Fälle beweisen, die dort absegelnden Schiffe nur bis zur dritten Stunde der Nacht. Philonides, der Läufer Alexanders des Großen, legte den 1200 Stadien langen Weg von Sikyon nach Elis in neun Stunden am Tag zurück; von da aber kehrte er, obwohl es bergab ging, erst in der dritten Stunde der Nacht zurück. Die Ursache war, dass er auf dem Hinweg mit der Sonne ging, auf dem Rückwege aber ihm die Sonne entgegen kam. Aus gleichen Gründen haben die nach Westen Segelnden, selbst am kürzesten Tage, länger Tag als Nacht, weil sie gleichsam die Sonne begleiten.

74. Darauf bezügliche Bemerkungen über die Sonnenuhren

182 Nicht überall kann man dieselben Stundenuhren gebrauchen, weil sie sich alle 300 bis 500 Stadien mit dem Schatten der Sonne verändern. So beträgt die Schattenlänge des Zeigers (welchen man Gnomon nennt) in Ägypten am Tag des Äquinoktiums zur Mittagszeit etwas mehr als die halbe Länge des Zeigers. Zu Rom fehlt dem Schatten $1/9$ der Länge des Zeigers; in Ancona ist er um $1/35$ länger; in dem Teil von Italien, der Venetia heißt, gleicht zu derselben Stunde die Länge des Schattens der des Zeigers.

75. Wo und wann kein Schatten entsteht

183 Auch erzählt man, dass zu Syene[203], einer Stadt, die 5000 Stadien jenseits Alexandriens liegt, die Sonne am Tag des Solstitiums zu Mittag keinen Schatten werfe und dass sie einen Brunnen, den man zu diesem Zweck gegraben habe, erleuchte. Daraus geht hervor, dass um jene Zeit die Sonne dort gerade im Scheitelpunkt steht, was nach Onesikritos[204] auch in Indien über dem Flusse

---

203 Jetzt Assuan.
204 Aus Ägina, Schüler des Diogenes von Sinope und einer der Begleiter Alexanders auf seinen Zügen.

Hyphasis[205] um dieselbe Zeit der Fall sein soll. Dasselbe erfolgt zu Berenike,[206] einer Stadt der Troglodyten, und dem 4820 Stadien von da entfernten, demselben Volk gehörenden Ptolemäis,[207] welches an der Küste des Roten Meeres zum Zweck der ersten Elefantenjagden erbaut wurde; hier zeigt sich die erwähnte Erscheinung 45 Tage vor und nach dem Solstitium, und diese 90 Tage hindurch fällt der Schatten nach Mittag. *184* Auch zu Meroë[208] (einer Insel und Hauptstadt der Äthiopier, die 5000 Stadien von Syene entfernt im Nil liegt) hat man zweimal im Jahr keinen Schatten, wenn nämlich die Sonne im 18. Grad des Stiers und im 14. Grad des Löwen steht. In Indien, im Land der Oreten, befindet sich ein Berg, Maleus genannt, bei welchem die Schatten im Sommer nach Mittag und im Winter nach Mitternacht geworfen werden. Dort ist der große Bär auch nur 15 Nächte lang sichtbar. In dem berühmten indischen Hafen Patalis geht die Sonne zur Rechten auf, und der Schatten fällt nach Mittag. *185* Als Alexander sich dort aufhielt, wurde der Große Bär nur in den ersten drei Stunden der Nacht gesehen. Sein Feldherr Onesikritos berichtet, dass an den Orten in Indien, wo es keinen Schatten gebe, der große Bär niemals sichtbar sei, dass diese Orte »schattenlose« hießen, und dass man dort die Stunden nicht zähle.

76. Wo zweimal im Jahr Schatten und wo das Gegenteil ist

Im ganzen Troglodytenland sollen nach Eratosthenes[209] die Schatten zweimal im Jahr 45 Tage hindurch auf die entgegengesetzte Seite fallen.

---

205 Bis zu diesem Fluss gelangte Alexander der Große. Er heißt jetzt Beas.
206 Jetzt Salaca.
207 Jetzt Ras-Ahehas.
208 Jetzt Haschur.
209 Von Cyrene, lebte 277–196 v.Chr.

77. Wo die Tage am längsten und wo sie am kürzesten sind

186 So kommt es auch, dass durch dies Ab- und Zunehmen des Lichts, in Meroë der längste Tag zwölf Äquinoktialstunden und noch acht Teile einer Stunde[210] beträgt, in Alexandrien aber 14 Stunden, in Italien 15 und in Britannien 17 Stunden, wo auch die hellen Nächte im Sommer das, was die Vernunft uns schon glaublich macht, bekräftigen. Nämlich zur Zeit des Sommer-Solstitiums, wo die Sonne dem Pol näher steht und der Umkreis ihres Leuchtens enger ist, haben jene Polarländer sechs Monate lang beständig Tag, und, wenn sie sich zum Winter-Solstitium hin entfernt hat, ebenso lange Nacht. **187** Dasselbe soll, wie Pytheas von Massilien[211] berichtet, auf der Insel Thule,[212] welche sechs Schiffstagereisen nördlich von Britannien entfernt ist, der Fall sein; einige behaupten dies auch von der Insel Mona,[213] welche von der britischen Stadt Camaldunum[214] 200 000 Schritte weit liegt.

78. Von der ersten Stundenuhr

Diese Lehre von den Schatten und die sogenannte Gnomonik erfand Anaximenes von Milet,[215] ein Schüler des schon erwähnten Anaximander; er zeigte auch zuerst zu Sparta eine Stundenuhr, Skiotherikon[216] genannt.

---

210 Die Alten teilten die Stunde in 12 Teile.
211 Pytheas von Marseille lebte im 4. Jh. v.Chr.
212 Thule scheint nordwestlich von Britannien, bisweilen mit Island identifiziert. Nur Plinius und Strabo lassen den Pytheas obige Behauptung aufstellen. In den eignen Worten des Pytheas, die Geminus anführt, ist nur von einem 22-stündigen längsten Tag die Rede.
213 Das heutige Anglesea.
214 Jetzt Colchester.
215 Lebte von 550–500 v.Chr.
216 Schattenfänger.

79. Von der Bestimmung der Tagesdauer

188 Die Dauer des Tages selbst findet man von einigen so, von anderen so festgesetzt. Die Babylonier rechnen von einem Sonnenaufgang bis zum anderen, die Athener von einem Untergang bis zum anderen, die Umbrier von einem Mittag zum anderen, alle gemeinen Leute von Anbruch des Tageslichts bis zum Dunkelwerden; die römischen Priester und diejenigen, welche den bürgerlichen Tag einführten, desgleichen die Ägypter und Hipparchos rechnen von Mitternacht zu Mitternacht. Es leuchtet aber ein, dass die Abwesenheit des Tageslichts von einem Sonnenaufgang zum anderen zur Zeit des Sommer-Solstitiums kleiner sein müsse als in den Äquinoktien, denn die Lage des Tierkreises ist in den Äquinoktien schräger, beim Solstitium aber senkrechter.

80. Verschiedenheit der Völker nach ihrem Wohnsitz

189 Mit den bisherigen Ursachen der himmlischen Erscheinungen wollen wir nun noch die davon abhängigen verknüpfen; denn es ist keinem Zweifel unterworfen, dass die Äthiopier durch die Hitze der nahen Sonne geschwärzt und, Verbrannten gleich, mit krausem Bart und Haupthaar geboren werden. Dagegen haben die Völker der entgegengesetzten, kalten Himmelsstriche eine weiße Haut und blondes herabhängendes Haar; diese macht die Kälte rau, jenes aber die Milde des Himmels schlaff. Selbst an den Beinen kann man den Unterschied wahrnehmen; denn bei jenen werden die Säfte durch die Hitze in die oberen Teile des Körpers gezogen, bei diesen senkt sich die Feuchtigkeit nach den unteren Gliedmaßen herab. Hier bringt das Klima große wilde Tiere, dort sehr mannigfache Tierbildungen, besonders unter den Vögeln, hervor. Aber in beiden Zonen werden die Körper groß, dort durch die Kraft der Hitze, hier durch die nährende Feuchtigkeit. *190* Allein mitten zwischen diesen Zonen findet eine wohltätige, in jeder Hinsicht fruchtbare Mischung aus beiden statt. Alles trägt hier das Gepräge der gehörigen Gleichmäßigkeit, selbst in den

Farben, der Körper hat eine mäßige Größe, die Sitten sind sanft, die Sinne scharf, der Geist fruchtbar und fähig, die ganze Natur zu erfassen. Hier gibt es auch Staatseinrichtungen, die unter den entfernteren Völkern unbekannt sind, weshalb diese wegen ihrer Entfernung und ihrer durch die Strenge des Klimas bedingten abgeschiedenen Lebensweise jenen nie gehorcht haben.

81. Vom Erdbeben

191 Die Babylonier glauben, dass Erdbeben, Erdfälle und alle übrigen derartigen Erscheinungen, vom Einfluss der Gestirne, und namentlich jenen dreien, denen man die Erzeugung der Blitze zuschreibt,[217] herrühren. Besonders sollen dergleichen eintreffen, wenn sie mit der Sonne laufen oder mit ihr zusammenkommen, hauptsächlich aber, wenn sie im Geviertschein stehen. Eine ausgezeichnete und, wenn man es glauben will, göttliche prophetische Kraft in Dingen der Art besaß der Physiker Anaximander von Milet.[218] Er soll die Lakedämonier im Voraus gewarnt haben, auf ihre Stadt und Häuser achtzugeben, denn es stehe ein Erdbeben bevor, und in der Tat fiel auch die ganze Stadt in Trümmer, wobei noch ein großer Teil des Berges Taygetos in Gestalt eines Schiffshinterteils abgerissen wurde, und auf die zerstörte Stadt herabstürzte. Auch Pherekydes[219], dem Lehrer des Pythagoras schreibt man eine nicht minder göttliche Weissagung zu; er soll nämlich durch einen Trunk Wasser aus einem Brunnen ein Erdbeben daselbst[220] vorhergesagt haben. *192* Sind solche Erzählungen wahr, wie wenig mögen diese Männer schon bei ihren Lebzeiten von den Göttern unterschieden gewesen sein! Ich überlasse den Glauben an dergleichen dem Ermessen eines jeden; dass aber die Winde Ursache von Erdbeben sind, möchte ich nicht bezweifeln, denn die Erde wankt nur dann, wenn das Meer still und die Atmosphäre so ruhig ist, dass selbst

---

217 Saturn, Jupiter und Mars.
218 Schüler des Thales, lebte im 6. Jh. v.Chr.
219 Von Syros im 6. Jh. v.Chr.
220 Zu Samos.

die Vögel nicht fliegen können, weil der sie tragende Luftzug gänzlich fehlt; und nur dann, wenn nach einem Sturm der Wind sich in die Adern und Höhlen der Erde versteckt hat. Das Beben der Erde ist das, was der Donner in den Wolken ist; ein Erdriss gleicht dem durchbrechenden Blitz, indem die eingeschlossene Luft sich gewaltsam zu befreien sucht.

82. Von Erdfällen

193 Die Erde wird auf mannigfaltige Weise erschüttert, und wunderbar sind die daraus folgenden Wirkungen. Hier werden Mauern umgestürzt, dort verschlungen, hier brechen gewaltige Wasser hervor, dort ganze Ströme, zuweilen auch Feuer und heiße Quellen, dort wird der Lauf der Flüsse verändert. Vor und während des Erdbebens hört man ein furchtbares Getöse, das bald einem dumpfen Brüllen, bald einem menschlichen Hilferuf, bald einem Waffengeklirr gleicht, je nach der Beschaffenheit der die Luft einschließenden Stoffe, der Gestalt der Höhlen oder Gänge, durch den sie geht. Das Toben ist heller in engen Räumen, dumpfer in Krümmungen, wiederhallend in hartem Gestein, brausend in feuchten, wogend in sumpfigen Schluchten, und krachend, wenn es an harte Körper stößt. **194** Doch wird auch oft ein Getöse ohne Erdbeben vernommen. – Die Erde wird nie auf einfache Weise erschüttert, sondern sie zittert und schwankt. Zuweilen bleibt der Riss offen und lässt das, was er verschlungen hat, sehen, zuweilen schließt er sich und verbirgt so das Verschlungene, und hierbei ist der Boden oft wiederum so geebnet, dass er keine Spuren z.B. von versunkenen Städten oder Äckern hinterlässt.

Die Küstenländer sind dem Erdbeben am meisten ausgesetzt; doch auch bergige Gegenden bleiben nicht davon befreit. So ist mir unter anderen bekannt, dass die Alpen und Apenninen oft erschüttert werden. **195** Im Herbst und Frühling finden sie, gleich den Blitzen, öfter statt. Daher spüren sie Gallien und Ägypten am wenigsten, denn hier steht ihnen die Hitze, dort die Kälte entgegen. Häufiger ereignen sie sich bei Nacht als am Tag, am heftigsten aber morgens und abends; meistenteils aber vor Tagesanbruch und am Tag um die Mittagszeit; auch bei Sonnen- und Mondfinsternissen, weil dann keine Stürme sind; vorzüglich aber dann, wenn auf Regen Hitze, oder auf Hitze Regen folgt.

83. Merkmale eines bevorstehenden Erdbebens

196 Auch die Schiffer können sicher auf ein bevorstehendes Erdbeben schließen, wenn die Wogen ohne Wind anschwellen und sie von der Erschütterung Stöße verspüren. Alles, was sich auf den Schiffen befindet, wankt ebenso wie in Gebäuden und verkündet durch das dadurch entstehende Geräusch das Erdbeben. Sogar die Vögel bleiben furchtsam sitzen. Es gibt auch am Himmel ein Zeichen, was einem nahen Erdbeben vorhergeht; dasselbe erscheint, entweder am Tag oder kurz nach Sonnenuntergang bei heiterem Wetter, als ein langer schmaler Wolkenstreifen. Das Wasser in den Brunnen ist dann trübe und von widerlichem Geruch.

84. Hilfsmittel gegen bevorstehende Erdbeben

197 Die Brunnen können aber ebenso wie zahlreiche Höhlen als Hilfsmittel gegen Erdbeben dienen, weil sie die aufgenommene Luft wiederum aushauchen. Dies zeigt sich bei einigen Städten, welche, weil sie mit vielen unterirdischen Kanälen zur Ableitung der Unreinigkeiten versehen sind, weniger von Erdbeben leiden. Noch sicherer sind die Gebäude, welche einen hohlen Grund haben, wovon Neapel in Italien den Beweis liefert, dessen auf festem Grund erbauter Stadtteil jenen Unfällen weit mehr unterworfen ist. Das sicherste Schutzmittel bieten die Gewölbe der Gebäude, auch die Winkel der Wände und die Pfosten dar, weil diese durch den gegenseitigen Druck zusammengehalten werden. Auch auf Wände von Backsteinen wirkt die Erschütterung weniger schädlich.

198 Ein großer Unterschied findet selbst in der Art der Erschütterung der Erde statt, denn diese erfolgt auf mehrfache Weise. Am besten ist es, wenn sie schwingend auftritt, wobei die Gebäude ein wirbelndes Getöse von sich geben; so auch, wenn die Erde bei einem Stoß aufschwillt und sich wieder senkt. Auch dann ist noch keine Gefahr zu befürchten, wenn die Häuser gegeneinanderstoßen, weil ein Stoß die Wirkung des anderen bricht. Unglück drohend ist dagegen ein wellenförmiges Neigen und Schwanken, oder auch, wenn die ganze Erschütterung sich nach einer Richtung hindrängt. Die Stöße hören auf, sobald sich der Wind erhebt, dauern sie aber dennoch fort, so legen sie sich nicht unter 40 Tagen, währen aber häufig noch länger, so wie denn manche Erdbeben ein bis zwei Jahre lang angehalten haben.

85. Wunder auf Erden, die nur einmal geschehen sind

199 Einmal hat sich, wie ich in den etruskischen gelehrten Werken gefunden habe, unter den Konsuln L. Marcius und Sext. Iulius[221] im mutinensichen Gebiete[222] ein außerordentliches Erdwunder ereignet. Es liefen nämlich zwei Berge mit ungeheurem Getöse gegeneinander und wichen wieder zurück, während zwischen ihnen am hellen Tag Flammen und Rauch emporstiegen. Eine große Anzahl von römischen Rittern, Familien und Reisenden haben dies von der Via Aemilia[223] aus mit angesehen. Dies Ereignis, wodurch alle Landhäuser zerstört und die darin befindlichen Tiere getötet wurden, geschah ein Jahr vor dem Bundesgenossenkrieg[224], von dem ich nicht entscheiden will, ob er nicht traurigere Folgen als die Bürgerkriege für Italien nach sich zog. Eine nicht minder wunderbare Begebenheit hat sich zu unseren Zeiten, im letzten Jahr der Regierung Neros[225], wie ich in dessen Geschichte erzählt habe, zugetragen; im marrucinischen Gebiet[226], auf den Gütern des römi-

---

221 Nach Roms Erbauung 663 oder 91 v.Chr.
222 Bei Modena.
223 Es gab zwei Straßen, die den Namen Via Aemilia führten; beide gingen von der Via Flaminia an, die erste führte nach Ariminum und Aquileja, die zweite nach Pisa und Luna. Die hier gemeinte war die erste, von dem Konsul M. Aemilius Lepidus 187 v.Chr. angelegt.
224 91 v.Chr.
225 68 n.Chr.
226 Am Flusse Pescara, in der Gegend von Chieti.

schen Ritters Vectius Marcellus, der Neros Sachwalter war, wurden nämlich Wiesen und Olivengärten, welche durch eine Landstraße getrennt waren, auf die entgegengesetzten Seiten versetzt.

86. Wunderbare Erscheinungen beim Erdbeben

200 Zugleich mit den Erdbeben erfolgen auch Überschwemmungen des Meeres, wenn dieses nämlich durch dieselbe Luft hereingetrieben und von dem Schlund der sich senkenden Erde aufgenommen wird. Das stärkste Erdbeben seit Menschen Gedenken ereignete sich unter der Regierung des Kaisers Tiberius, wodurch zwölf asiatische Städte in einer Nacht zerstört wurden.[227] Die häufigsten erfolgten im Punischen Krieg[228], wo man in einem Jahr 57 derselben nach Rom meldete. In demselben Jahr[229] war die Schlacht am Trasimenischen See[230], allein weder die Punier noch die Römer merkten während des Kampfes die Erderschütterung. – Das Erdbeben ist aber kein einfaches Unglück[231], und seine Gefahr liegt nicht bloß in der Erschütterung, sondern ein gleich großes und noch größeres Übel wird durch dasselbe angedeutet. In Rom fand niemals ein Erdbeben statt, was nicht der Vorbote irgendeines Ereignisses gewesen wäre.

87. In welchen Gegenden das Meer zurückgetreten ist

201 Erdbeben sind auch die Ursache neuentstehenden Landes, da eben jene Luft wohl fähig ist, den Boden zu heben, aber nicht ihn zu durchbrechen. Denn neues Land entsteht nicht bloß durch das Anschwemmen der Flüsse, wie z.B. die Echinadischen Inseln[232] durch den Fluss Achelaos[233] und ein großer Teil von Ägypten durch

---

227 18 n.Chr.
228 Im Zweiten Punischen Krieg.
229 217 v.Chr.
230 Jetzt Lago di Perugia.
231 D.h. es kommt nie allein.
232 Im Ionischen Meer, jetzt Curzolari genannt.
233 Jetzt Acheloos und Aspropotamos.

den Nil (der nach Homer[234] eine Nacht- und Tagereise von der Insel Pharos entfernt war) entstanden sind, wie auch nicht bloß durch den Rücktritt des Meeres, wie, ebenfalls nach Homers Bericht[235], die Circeischen Inseln[236] beweisen. Letzter Fall soll sich auch im Hafen von Ambracia[237] ereignet haben, wo das Meer 10 000 Schritte zurückwich; desgleichen im athenischen Hafen Piräus auf eine Strecke von 5000 Schritten sowie zu Ephesos, wo es ehemals den Tempel der Diana bespülte. Wenn wir dem Herodot[238] glauben wollen, so reichte das Meer früher oberhalb von Memphis bis an die äthiopischen Gebirge und die Ebenen Arabiens. Auch die Gegend um Ilion war sonst Meer, sowie das ganze Teuthranien[239], wo der Mäander[240] das ganze Land angeschwemmt haben mag.

88. Wie Inseln entstanden sind

202 Es entsteht auch noch auf andere Weise Land, indem es sich plötzlich aus dem Meer erhebt, gleichsam als ob die Natur sich wieder ins Gleichgewicht setzen wollte, da sie das, was hier ein Abgrund verschlang, dort wiedergibt.

89. Welche und zu welchen Zeiten sie entstanden sind

Die schon lange berühmten Inseln, Delos und Rhodos, sollen auf eben diese Art entstanden sein. Später kamen noch kleinere zum Vorschein, wie Anaphe[241] hinter Melos, Neai[242] zwischen Lemnos[243] und dem Hellespont, Halone zwischen Lebedos und

---

234 Odyssee IV. B., 354. V.
235 Odyssee X. B., 194. V.
236 Eigentlich ein vom Tuskischen Meer und den Pontinischen Sümpfen umgebener Berg, wegen der Niederungen rings umher einer Insel ähnlich; jetzt Circello.
237 Jetzt Arta in Epirus.
238 Von Halikarnassos, berühmter griechischer Geschichtsschreiber, lebte 484–408 v.Chr.
239 Eine Landschaft in Asien am Fluss Kaikos.
240 Büyük Menderes.
241 Anafi.
242 Agiostrati.
243 Limnos (Stalimene).

Teos,[244] Thera[245] und Therasia[246], zwei Kykladen, im 4. Jahr der 135. Olympiade; 130 Jahre später Hiera[247] oder Automate[248], ebenfalls Kykladen, und zwei Stadien davon entfernt entstand 110 Jahre später, noch zu unserer Zeit unter den Konsuln M. Iunius Silanus und L. Balbus[249], am 8. Juli die Insel Thia.[250] *203* Vor unserer Zeit tauchte neben Italien unter den Äolischen Inseln[251] eine, desgleichen eine von 2500 Schritten Länge und mit darauf befindlichen warmen Quellen neben Kreta aus dem Meere hervor; noch eine andere, welche mit heftigem Wind begleitet brannte, zeigte sich im 3. Jahr der 163. Olympiade im Tuskischen-[252]Meerbusen. Man erzählt auch, alle Menschen, welche von den um dieselbe in großer Anzahl schwimmenden Fischen gegessen hätten, wären sogleich gestorben. Ferner sollen die Pithekusischen Inseln[253] im Kampanischen Meerbusen auf ähnliche Art entstanden sein. Der Berg Epopus auf einer dieser Inseln[254] wurde bald darauf, nachdem eine Flamme aus ihm hervorgebrochen war, der Ebene gleich. Ebendaselbst wurde auch eine Stadt vom Meer verschlungen, durch ein anderes Erdbeben entstand ein See und bei einem dritten durch zusammengestürzte Berge die Insel Prochyta.

---

244 Pusor.
245 Santorin.
246 Aspronisi.
247 Die Große Kammeni.
248 D.h. die von selbst Entstandene.
249 770 nach Roms Erbauung, 26 n.Chr.
250 Die Kleine Kammeni.
251 Liparische Inseln.
252 Toskanischen.
253 Aenaria (Ischia) und Prochyta (Procida).
254 Aenaria.

90. Welche Länder durch das Meer abgerissen sind

204 Denn auch auf diese Weise hat die Natur Inseln geschaffen; sie riss Sizilien von Italien, Zypern von Syrien, Euböa[255] von Böotien[256], Atalante[257] und Makris[258] von Euböa, Besbykos[259] von Bithynien, Leukosia[260] vom Vorgebirge der Sirenen[261] los.

91. Welche Inseln an das feste Land gesetzt sind

Dann nahm sie auch dem Meer wieder Inseln und verband sie mit dem Festland, als: Antissa mit Lesbos[262], Zephyrion[263] mit Halikarnassos[264], Aethusa mit Myndos[265], Dromiskos und Perne mit Milet[266], Narthekusa mit dem Vorgebirge Parthenion.[267] Die einmalige Insel Hybanda, welche jetzt 200 Stadien vom Meer entfernt ist, mit Ionien. Mitten im Gebiet von Ephesos liegt jetzt Syrie und die Derasiden und Sophonia liegen in dem benachbarten Magnesia. Epidauros und Orikion haben aufgehört, Inseln zu sein.

92. Welche Länder vom Meere verschlungen sind

205 Gänzlich aber verschwanden, wenn wir dem Plato[268] glauben, die Länder, wo jetzt das erste aller Meere, das Atlantische, sich in einem ungeheuren Raum erstreckt. Im Mittelländischen Meer ist, wie wir jetzt sehen, ein Teil von Akarnanien im Ambrakischen

---

255 Evia.
256 Livadien.
257 Atlantis.
258 Makronisi.
259 Kalolimnos.
260 Piana.
261 Licosa.
262 Mytilini.
263 Zefre.
264 Bodrum.
265 Mentesche.
266 Balat.
267 Eski-Burun.
268 Im Timaios. – Plato wurde zu Athen 430 v.Chr. geboren und starb daselbst 348.

Golf[269], ein Teil von Achaia im Korinthischen Meerbusen, ferner ein Teil von Europa und Asien in der Propontis[270] und Pontos[271] versunken. Zu diesem gelangte das Meer, indem es Leukas[272], Antirrhinon[273], den Hellespont und die beiden Bosporen durchbrach.

93. Welche Länder von selbst untergegangen sind

Doch nicht zu reden von den Meerbusen und Landseen, muss man gestehen, dass die Erde sich selbst verzehrt. Sie verschlang den hohen Berg Kybots mit der Stadt Kuris, Sypilos in Magnesia und vorher schon in derselben Gegend die berühmte Stadt Tantalis; ferner Galenes und Galames, zwei Städte in Phönizien mit ihren Gebieten; endlich den Phegios, den höchsten Bergrücken in Äthiopien, als wenn nicht schon die treulosen Ufer genug Schaden anrichteten.

94. Städte, die das Meer verschlungen hat

206 Pyrrha und Antissa, am Mäotischen See belegen, hat der Pontus verschlungen, Elice und Bura gingen im Korinthischen Meerbusen unter, und Spuren davon erblickt man noch auf der hohen See. Von der Insel Kea versank plötzlich ein abgerissenes Stück von mehr als 30 000 Schritten nebst vielen Menschen. In Sizilien ging die halbe Stadt Tyndaris und das Stück Land, was Italien mit Sizilien verband, unter. Auf gleiche Weise ging Eleusis in Böotien zugrunde.

---

269 Golf von Arta.
270 Das Marmarameer.
271 Das Schwarze Meer.
272 Levkas.
273 Castello di Romelia.

95. Von den Luftlöchern der Erde

Doch genug von Erdbeben und von Ereignissen, welche nur verbrannte Trümmer von Städten übrig lassen. Reden wir lieber von den Wundern der Erde als von den Gräueln der Natur. Und wahrlich, die Erscheinungen des Himmels darzustellen, war keine so schwierige Aufgabe wie dieses.

207 Der Schatz an Metallen ist so mannigfaltig, so reich, so ergiebig und wächst so viele Jahrhunderte hindurch nach, obgleich täglich auf dem ganzen Erdboden Feuer, Zerstörung, Schiffbruch, Krieg, Betrug so viel davon raubt und die Üppigkeit der Menschen so viel davon vernichtet. Die Edelsteine sind in ihrer Zeichnung so verschieden, andere Gesteine so bunt, und viele derselben von dem reinsten Wasser! Dazu noch: die Kraft der Mineralquellen, die so viele Jahrhunderte hindurch fortwährend an mehreren Orten hervorleuchtenden Flammen. Anderwärts dringen aus Gruben oder verpesteten Gegenden tödliche Dämpfe hervor, die hier nur für die Vögel, wie Sorakte[274] bei Rom, dort für die übrigen lebenden Geschöpfe außer dem Menschen, zuweilen aber auch diesem, wie im sinuessanischen[275] und puteolanischen[276] Gebiete, gefährlich sind. *208* Man nennt dieselben Dunsthöhlen oder auch Charons-Grotten, weil sie einen verderblichen Rauch aushauchen. So gibt es ferner im hirpinischen Gebiet zu Ampsanctus beim Tempel der Mephitis[277] einen Ort, wo ein jeder, der ihn betritt, stirbt. Ein ähnlicher Platz befindet sich zu Hierapolis[278] in Asien, der nur der Priesterin der großen Mutter der Götter[279] unschädlich ist. An anderen Orten hat man auch Wahrsagerhöhlen, aus deren betäubendem Dunste zukünftige Dinge vorhergesagt werden, wie z.B. zu Delphi, wo das berühmteste Orakel ist. Welche andere Ursache von alledem vermag nun wohl irgendein Sterblicher

---

274 Jetzt Monte Sant' Oreste.
275 Sinuessa, eine Kolonie an der Grenze von Kampanien.
276 Puteoli, jetzt Pozzuoli in Kampanien.
277 Eine römische Göttin, die gegen schädliche Ausdünstungen schützte.
278 Pamukkale.
279 Kybele.

anzugeben, als dass sich die göttliche Kraft der Natur bald so und bald anders offenbart?

96. Länder, welche immer zittern; schwimmende Inseln

209 Einige Gegenden geraten, wenn man sie betritt, in eine zitternde Bewegung, wie z.B. auf dem gabinischen Gebiet, nahe bei Rom, fast 200 Morgen Landes sich erheben, wenn man darüber reitet; desgleichen im reatinischen Gebiet.

Einige Inseln schwimmen beständig; solche gibt es im caecubischen, reatinischen, mutinensischen und statoniensischen Gebiet. Im See Vadimon[280] und in den cutilischen Gewässern[281] befindet sich ein dunkler Wald, welcher niemals, weder bei Tage noch bei der Nacht, an ein und demselben Ort gesehen wird. Die sogenannten Kalaminischen Inseln in Lydien werden nicht nur vom Wind bewegt, sondern können auch mittels Stangen nach Belieben fortgetrieben werden; sie dienten im Mithridatischen Krieg vielen Bürgern als Zufluchtsorte. Auch im Nymphäischen Meer sind kleine Inseln, die sogenannten Tänzer, denn sie bewegen sich beim Absingen eines Musikstücks nach dem mit dem Fuß der Singenden getretenen Taktschlag. Auf dem großen Tarquiniensischen See[282] in Italien schwimmen zwei Wälder herum, welche vom Winde getrieben bald eine dreieckige, bald eine runde, niemals aber eine viereckige Gestalt annehmen.

97. An welchen Orten es nicht regnet

210 Paphos hat ein berühmtes Heiligtum der Venus, auf dessen einen Altar nie Regen fällt. Ebenso regnet es nicht zu Nea[283], einer Stadt in der Troas, um eine Bildsäule der Minerva herum. Ebendaselbst verfaulen auch die Überbleibsel der Opfertiere nicht.

---

280 See in Etrurien, jetzt Lago di Bassano.
281 Vgl. III. B. 17. Kap.
282 Lago di Bracciano.
283 Yenişehir.

98. Eine Menge Wunder von Ländern

Bei der Stadt Harpasa[284] in Asien steht ein ungeheurer Felsen, den man mit einem Finger berühren kann; stößt man aber mit dem ganzen Körper daran, so rührt er sich nicht. Auf der Taurischen Halbinsel[285], in der Stadt Parasinum gibt es eine Erde, welche alle Wunden heilt. Um Assos[286] in der Troas wächst ein Stein, der alle Körper verzehrt und daher Sarkophagos[287] genannt wird. *211* Am Fluss Indus stehen zwei Berge; der eine hat die Eigenschaft, alles Eisen festzuhalten, der andere aber stößt es ab. Wer daher Nägel in den Sohlen hat, kann auf jenem den Fuß nicht erheben, auf Letzteren aber nicht auftreten. Man findet aufgezeichnet, dass zu Lokroi[288] und Kroton nie eine ansteckende Krankheit oder ein Erdbeben gewesen sei. In Lykien folgen stets auf ein Erdbeben 40 heitere Tage. Im arpanischen Gebiete geht das gesäte Getreide nicht auf. In der Nähe der mucischen Altäre im Vejentinischen, ferner bei Tusculanum[289] und im Ciminischen Wald[290] gibt es Plätze, wo das, was in die Erde gesteckt ist, nicht wieder herausgezogen werden kann. Heu, welches im Crustuminischen[291] gewachsen, ist dort schädlich, anderwärts gesund.

99. Von der Natur der Ebbe und Flut

212 Auch über die Beschaffenheit des Wassers ist bereits mehreres gesagt worden, aber das Wunderbarste dabei bleibt, dass die Fluten des Meeres anschwellen und wieder zurücktreten, und zwar auf mehrfache Weise. Die Ursache davon liegt in der Sonne und dem Mond. Zwischen zwei Mondaufgängen oder innerhalb

---

284 Arpaz Kalesi.
285 Die jetzige Krim.
286 Bahçeköy.
287 Fleischfresser. Aus diesem Stein wurden Särge verfertigt, weshalb dieses Wort später für jeden Sarg überhaupt gebraucht wurde. S. auch im XXXVI. B., 27. Kap.
288 Bruzzano.
289 Frascati.
290 Monte Fogliano.
291 Monte Rotondo.

24 Stunden schwillt das Meer zweimal an und tritt zweimal wieder zurück. Sowie nämlich der Mond am Himmel aufsteigt, tritt die erste Flut ein, senkt er sich aber vom höchsten Mittagspunkt nieder nach dem Untergang hin, so fällt auch das Wasser wieder; von seinem Untergang an bis zum tiefsten Punkt unter dem Horizont, dem Mittagspunkt gerade entgegen, schwillt das Meer abermals an, und von da an bis zu seinem Aufgang ist wieder Ebbe. *213* Niemals tritt zu derselben Zeit wie am Tag zuvor die Flut ein, weil das sie beherrschende und das Meer begierig nach sich ziehende Gestirn stets an einem anderen Ort als tags zuvor aufgeht; jedoch wiederholt sich diese Erscheinung in gleichen Zeiträumen, und zwar alle sechs Stunden, unter welchen Letzteren aber nicht die Stunden eines jeden Tages oder jeder Nacht oder jeden Ortes, sondern die Äquinoktialstunden zu verstehen sind. Daher werden nach der gewöhnlichen Stundeneinteilung diese Zeiträume ungleich, weil nach derselben die Tage oder Nächte bald kürzer, bald länger und nur im Äquinoktium allenthalben von gleicher Dauer sind. *214* Dies ist ein ungemein klarer und täglich sprechender Beweis von der Stumpfheit aller derer, welche leugnen, dass Gestirne unter unserem Horizont weggehen und wieder aufsteigen, und dass, bei demselben Vorgang des Auf- und Untergangs auf beiden Seiten die Erde, ja sogar die ganze Welt dort wie bei uns die nämliche Gestalt zeige, da doch der Mond unter der Erde offenbar keinen anderen Lauf und keine andere Wirkung hat, als wenn er vor unseren Augen hinläuft.

215 Mannigfach ist außerdem auch noch der Mondwechsel, und zwar hauptsächlich von 7 zu 7 Tagen. Vom Neumond nämlich bis zum ersten Viertel ist die Flut mäßig, von da an nimmt sie zu und beim Vollmond steigt sie am höchsten. Dann wird sie wieder schwächer, am 7. Tage gleicht sie der ersten wieder, und im letzten Viertel wird sie abermals stärker. Beim Zusammentritt des Mondes mit der Sonne ist sie ebenso stark wie beim Vollmond. Wenn er im Nordosten und von der Erde weiter entfernt steht, ist die Flut schwächer, als wenn er nach Süden gewandt mit größerer Kraft auf die dann nähere Erde einwirkt. Nach Verlauf von acht

Jahren kehren mit dem hundertsten Umlauf des Mondes, der
jene Anschwellung veranlasst, die anfängliche Bewegung und
gleiches Steigen des Meeres wieder. Der jährliche Umlauf der
Sonne ist auch nicht ohne Wirkung auf die Flut, denn diese nimmt
in den Äquinoktien bedeutend zu, und zwar mehr im Herbst- als
im Frühlings-Äquinoktium; am kürzesten Tage ist sie schwach und
noch schwächer im Sommer-Solstitium. **216** Jedoch treten diese
Veränderungen nicht genau in den genannten Zeitpunkten ein,
sondern wenige Tage später. Die beim Mond erwähnten Veränderungen erfolgen auch nicht gerade beim Voll- oder Neumond,
sondern kurz danach; ferner nicht sogleich beim Aufgang oder
Untergang des Mondes oder wenn er sich von seiner mittleren
Bahn abwärts neigt, sondern fast um zwei Äquinoktialstunden
später. Überhaupt zeigt sich die Wirkung eines jeden Ereignisses
am Himmel auf der Erde immer später, als wir es erblicken, wie
z.B. Donner und Blitz erweisen.

217 Vom Ozean gehen aber alle Fluten weiter ins Land, als
von den übrigen Meeren; sei es nun, weil ein großes Ganzes
mächtiger ist als ein Teil davon, oder weil die Kraft des weit um
sich greifenden Gestirnes auf jene große Fläche stärker einwirkt
als auf einen engen Raum. Daher werden auch weder Seen noch
Flüsse auf ähnliche Art bewegt. Pytheas von Massilien sagt, oberhalb Britanniens steige die Flut bis zu acht Ellen empor. **218** Die
inneren Meere aber werden wie Häfen vom Land eingeschlossen.
An einigen Orten jedoch, wo die Ufer mehr voneinander entfernt
sind, gehorcht das Meer doch dem Einfluss des Mondes. So gibt
es mehrere Beispiele, dass Schiffer ohne Hilfe der Segel bei starker
Flut in drei Tagen von Italien nach Utica[292] übersetzten. An den
Küsten wird diese Bewegung des Meeres mehr als auf hoher See
wahrgenommen, gleichwie wir an den äußersten Teilen unseres
Körpers den Schlag der Adern, d.i. der Luft mehr empfinden.[293] In
den meisten Buchten sind aber wegen des für jede Lage unglei-

---

292 Stadt in Afrika.
293 Die Alten hatten die sonderbare Meinung, dass die Pulsadern mit Luft erfüllt seien.

chen Aufgangs der Gestirne die Fluten der Zeit, nicht aber ihrer Natur nach verschieden; dasselbe ist auf den Syrten[294] der Fall.

100. Wo Ebbe und Flut von der Regel abweichen

219 Einige Orte haben jedoch hierin ihre Eigentümlichkeiten, wie z.B. im tauromenitanischen Strudel[295] die Flut öfter und in Euböa siebenmal innerhalb 24 Stunden wiederkehrt. Auch bleibt die Flut dreimal in jedem Monat, am 7., 8. und 9. Tag nach dem Vollmond, unverändert dieselbe. Zu Gades, nahe bei dem Tempel des Herkules, befindet sich eine wie ein Brunnen eingeschlossene Quelle, welche bald gleichzeitig mit dem Ozean, bald aber zur entgegengesetzten Zeit steigt und fällt. Eine zweite dortige Quelle richtet sich nach den Bewegungen des Ozeans. An den Ufern des Baetis[296] liegt eine Stadt, deren Brunnen bei der Flut fallen, bei der Ebbe steigen, in der Zwischenzeit aber keine Veränderung zeigen. Von derselben Beschaffenheit ist ein Brunnen in der Stadt Hispalis[297], während die übrigen nichts Ungewöhnliches haben. Der Pontus fließt beständig in die Propontis, aber nie geht Wasser aus diesem in den Pontus zurück.

101. Wunder des Meeres

220 Fast alle Meere reinigen sich beim Vollmond, nur einige zu einer anderen bestimmten Zeit. Bei Messana und Mylai wirft das Meer einen mistähnlichen Unrat ans Ufer, woher die Sage entstanden ist, die Rinder der Sonne hätten daselbst ihre Ställe. Hierzu fügt noch Aristoteles (damit ich nichts, was mir bekannt ist, übersehe), dass kein Tier zu einer anderen Zeit als während der Ebbe sterbe. Am Gallischen Ozean hat man dies vielfach beobachtet und wenigstens am Menschen bestätigt gefunden.

---

294 Die Buchten von Sydra und Cabes an der nordafrikanischen Küste.
295 Bei Taormina.
296 Guadalquivir in Spanien.
297 Sevilla.

102. Welchen Einfluss der Mond auf Land- und Meergeschöpfe hat

221 Hieraus geht die Wahrscheinlichkeit hervor, dass der Mond nicht ohne Grund für das Gestirn des Lebens zu halten sei. Er sättigt die Erde, erfüllt den Körper bei seinem Erscheinen und entleert ihn bei seiner Entfernung. Daher wachsen auch, wenn er zunimmt, die Konchylien, und vornehmlich empfinden alle blutlosen Tiere seine belebende Kraft. Aber auch sogar das Blut der Menschen mehrt und vermindert sich mit dem Mond, und selbst Sträucher und Kräuter fühlen (wie ich an ihrem Ort noch sagen werde) seine alles durchdringende Kraft.

103. Einfluss der Sonne auf dieselben

222 Durch die Glut der Sonne aber wird die Feuchtigkeit hinweggenommen, und da sie alles ausdörrt und verzehrt, halten wir sie für ein männliches Gestirn.

104. Warum das Meer salzig ist

So wird dem weiten Meer der Salzgeschmack gleichsam eingekocht, oder, indem sie ihm die süßen und zarten Teile, welche gerade die feurige Kraft am leichtesten an sich zieht, benimmt, lässt sie alle gröberen und dichteren Stoffe zurück. Daher ist auch das Meerwasser in der Tiefe süßer als auf der Oberfläche. Diese Ursache des unangenehmen Geschmacks des Meerwassers dürfte wohl der Wahrheit näherkommen als die Behauptung, dass das Meer der beständige Erdschweiß sei[298], oder dass sich der größte Teil der trockenen Ausdünstung mit ihm vermische, oder aber, dass die Natur der Erde ihm gleichwie den Heilquellen den fremden Geschmack erteile. Unter den wunderbaren Ereignissen verdient Erwähnung, dass, nach der Vertreibung des Tyrannen

---

298 Nach der Ansicht des Empedokles.

Dionysios in Sizilien[299], das Meer im Hafen einen ganzen Tag hindurch süß war.

223 Dahingegen wird der Mond für ein weibliches, mildes Gestirn gehalten, welches die nächtliche Feuchtigkeit zwar auflöst und anzieht, nicht aber wegführt. Dies ergibt sich daraus, dass er die toten Körper der wilden Tiere durch seinen Schein zu einer fauligen Masse auflöst, dass er den eingeschlafenen die Mattigkeit in dem Kopf zusammenzieht, dass er Eis schmelzt und alles durch seinen befruchtenden Hauch erweicht. So erhält sich die Natur gegenseitig im Gleichgewicht, ohne einen Mangel zu fühlen, da einige Gestirne die Elemente verbinden, andere sie verteilen. Der Mond ernährt sich also aus süßem, die Sonne aus Seewasser.

105. Wo das Meer am tiefsten ist

224 Die größte Tiefe des Meeres beträgt nach Fabianus[300] 15 Stadien. Andere dagegen sagen, es sei im Pontus, dem Land der Koraxer[301] gegenüber, ungefähr 300 Stadien vom Festland entfernt, so unermesslich tief, dass man daselbst niemals Grund gefunden habe. Diese Stelle im Pontus heißt daher: die Tiefe.[302]

106. Wunder der Quellen und Flüsse

Noch wunderbarer sind die Eigenschaften des süßen Wassers, welches in der Nähe des Meeres wie aus Röhren hervorsprudelt; denn auch dem Wasser fehlt es nicht an Wundern. Das süße Wasser schwimmt auf dem Meer, ohne Zweifel, weil es leichter ist; daher trägt auch das schwerere Seewasser alles, was hinein kommt, besser. Sogar süße Wasser schwimmen an manchen Orten aufeinander, wie z.B. der Fluss[303], welcher sich in den

---

299 Im Jahr 357 v.Chr.
300 Lebte unter Tiberius.
301 In Kolchis.
302 Βαθειά.
303 Jetzt Giovenculo.

Fucinischen[304], die Addua, welche sich in den Larischen[305], der Ticinus, der sich in den Verbanischen[306], der Mincius, der sich in den Benacischen[307], der Ollius, der sich in den Sevinischen[308], der Rhodanus[309], der sich in den Lemanischen[310] See ergießt. Der Letztere liegt jenseits der Alpen, die übrigen aber in Italien; sie alle strömen auf viele Tausend Schritte weit freundnachbarlich durch jene Seen hin, und nehmen nur ihr eigenes und nicht mehr Wasser, als sie hineingebracht haben, wieder mit sich hinaus. Ein Gleiches soll auch beim Orontes[311], einem Fluss in Syrien und bei noch vielen anderen stattfinden.

225 Einige Flüsse verlieren sich gleichsam, als hassten sie das Meer, in die Erde, wie z.B. die Quelle Arethusa bei Syrakus; was man in diese hineinwirft, kommt im Alpheus[312], welcher durch Olympien fließt und sich an der peloponnesischen Küste ins Meer ergießt, wieder zum Vorschein. Der Lykos[313] in Asien, der Erasinos[314] in Argolis, der Tigris in Mesopotamien gehen in die Erde und kommen wieder hervor. Was man in die Quelle des Äskulaps bei Athen wirft, kommt im Hafen Phaleros wieder zum Vorschein. In der atinatischen Gegend[315] kommt ein in die Erde gegangener Fluss[316] erst 20 000 Schritte weiter wieder hervor; dasselbe ist der Fall mit dem Timavus im Gebiet von Aquileja.

226 In dem Asphaltsee[317] in Judäa, welcher Erdpech erzeugt, sinkt nichts unter, ebenso im See Arethusa[318] in Groß-Armenien,

---

304 Lago di Celano.
305 Lago di Como.
306 Lago Maggiore.
307 Lago di Garda.
308 Lago d'Iseo.
309 Die Rhône.
310 Der Genfer See.
311 Asi.
312 Rufia.
313 Gölhisar.
314 Kephalari.
315 Atino im Neapolitanischen.
316 Der Tanager (Negro).
317 Das Tote Meer.
318 Nasik.

in welchem, obwohl er Nitrum[319] enthält, doch Fische leben. Im Salentinischen, unweit der Stadt Manduria[320], liegt ein bis zum Rand seiner Ufer voller See, welcher weder durch Herausschöpfen vermindert wird noch durch Eingießen steigt. In dem Fluss der Kikoner[321] und im See Velinus in Picenum wird hineingelegtes Holz mit einer Steinkruste überzogen; dasselbe geschieht auch im Sirius, einem Fluss in Kolchis, und zwar hier in dem Grad, dass noch eine den Stein härtende Rinde sich darüberlegt. Auf ähnliche Weise versteinern im Fluss Silarus, unterhalb Surrentum, nicht nur eingetauchte Ruten, sondern auch Blätter, übrigens ist sein Wasser gesund zu trinken. Am Ausfluss des reatinischen[322] Sumpfes setzt sich ein Felsen an, und im Roten Meere wachsen Ölbäume und grüne Sträucher hervor.

227 Viele Quellen sind wegen ihrer Hitze merkwürdig; man findet deren sogar auf den höchsten Alpen, ja selbst in dem Meer zwischen Italien und Aenaria[323] sowie im Bajanischen Meerbusen, im Fluss Liris[324] und vielen anderen. Auch trifft man im Meer an vielen Stellen süßes Wasser, wie bei den Chelidonischen Inseln[325], bei Aradus[326] und im Gaditanischen Meer. In den warmen Quellen der Pataviner[327] wachsen grüne Kräuter, in denen der Pisaner leben Frösche, in denen der Vetulonier in Etrurien, unweit des Meeres, Fische. Im casinatischen Gebiet fließt ein Strom, Scatebra genannt, welcher im Sommer kalt ist und das meiste Wasser hat; in ihm sowie im See Stymphalis[328] in Arkadien gibt es Wassermäuse.

228 Die kalte Quelle des Jupiter zu Dodona[329] löscht zwar hineingetauchte Fackeln aus, nähert man ihr aber die ausgelöschten

---

319 Soda.
320 Mandula in Apulien.
321 Ein thrakischer Volksstamm.
322 Reate, jetzt Rieti, Stadt am See Velinus (jetzt Lago di Rieti).
323 Vgl. 89. Kap.
324 Garigliano in Latium.
325 Zwei kleine Eilande zwischen Rhodos und Zypern, jetzt Kalidoni genannt.
326 Ruad an der phönizischen Küste.
327 Paduaner.
328 Jetzt See von Zaraka.
329 Bonila.

wieder, so entzünden sie sich. Mittags bleibt sie stets aus, daher heißt sie auch: die Aufhörende.[330] Später fängt sie an zu wachsen, ist um Mitternacht ganz voll und nimmt dann allmählich wieder ab. In Illyrien ist eine kalte Quelle, welche darüber ausgebreitete Kleider entzündet. Der See des Iupiter Hammon[331] ist am Tag kalt, bei Nacht heiß. Die sogenannte Sonnenquelle im Land der Troglodyten ist um Mittag süß und sehr kalt, dann fängt sie an warm zu werden und ist um Mitternacht heiß und bitter.

229 Die Quelle des Padus[332] ist im Sommer des Mittags stets trocken, gleichsam, als wenn sie unterdessen Ruhe hielte. Eine Quelle auf der Insel Tenedos tritt vom Sommer-Solstitium an stets von der 3. bis zur 6. Stunde der Nacht aus. Die Quelle Inopos auf der Insel Delos steigt und fällt gleichzeitig mit dem Nil. Dem Fluss Timavus gegenüber liegt im Meer eine kleine Insel mit warmen Quellen, welche mit der Flut steigen und mit der Ebbe fallen. Der Fluss Novanus im pitinatischen Gebiet, jenseits der Alpen, wird jedes Mal im Solstitium reißend, am kürzesten Tage dagegen trocknet er aus.

230 Im faliscischen Gebiet macht alles Trinkwasser die Ochsen weiß, in Böotien der Fluss Melas die Schafe schwarz, der Kephissos, welcher aus demselben See[333] hervorfließt, weiß, der Peneus[334] wiederum schwarz, der Xanthos bei Ilion rötlich, woher dieser Fluss auch seinen Namen hat. Der Astakes im Pontus macht, dass die auf den von ihm bewässerten Fluren weidenden Stuten den dortigen Bewohnern zu ihrer Nahrung schwarze Milch geben. Im Reatinischen gibt es eine Quelle, Neminie genannt, die bald hier, bald da aus der Erde kommt und dadurch die Veränderung der Fruchtbarkeit anzeigt. Eine Quelle im Hafen von Brundisium

---

330 Ἀναπαυόμενος.
331 In Afrika.
332 Po.
333 Dies ist der See Kopais in Böotien; allein der Kephissus entspringt nicht aus demselben, sondern bildet ihn erst, deshalb heißt der Kopais auch bei Homer der kephissische See (jetzt der See von Livadia). Der Melas aber verliert sich südlich vom See Kopais in Sümpfen.
334 Jetzt Salambria in Thessalien.

versorgt die Seefahrer mit gutem Wasser. Das Wasser des Lynces-
tes[335], welches Sauerwasser genannt wird, berauscht wie Wein.
Ähnliches Wasser findet sich in Paphlagonien und im calenischen
Gebiete. Auf der Insel Andros soll, nach Mucianus, der dreimal
Konsul war[336], im Tempel des Bacchus eine Quelle hervorsprudeln,
die jedes Mal am 5. Januar einen Weingeschmack hat; sie führt
den Namen Göttergeschenk.[337] Der Styx[338] bei Nonakris[339] in Arkadien, dessen Wasser sich weder durch Geruch noch durch Farbe
besonders auszeichnet, tötet sogleich, wenn man davon trinkt.
Desgleichen befinden sich auf dem Hügel Librosos in Taurien
drei Quellen, die ohne Rettung, aber ohne Schmerzen töten. Im
carninensischen Gebiet von Spanien fließen zwei Quellen neben-
einander, von denen die eine alles auswirft, die andere aber alles
verschlingt. Ebendaselbst ist eine andere, in welcher alle Fische
goldfarbig erscheinen, während sie außerhalb derselben nicht
von den übrigen Fischen verschieden sind. *232* Eine starke Quelle
im comensischen Gebiete in der Nähe des Sees Larius[340] schwillt
alle Stunden an und tritt wieder zurück. Eine warme Quelle auf der
Insel Kydonea vor Lesbos fließt nur im Frühling. Der See Sannaos
in Asien hat den Geschmack des um ihn wachsenden Wermuts. Zu
Kolophon, in der Höhle des Apollo Clarius[341], ist ein Teich, dessen
Wasser den daraus Trinkenden die Wahrsagekunst verleiht, zugleich aber auch ihr Leben verkürzt. Dass Flüsse zuweilen einen
rückgängigen Lauf nehmen, hat man auch zu unseren Zeiten,
in den letzten Jahren der Regierung Neros gesehen, wie ich in
dessen Lebensbeschreibung angeführt habe.

233 Wem ist es wohl unbekannt, dass alle Quellen im Sommer
kälter sind als im Winter? Nicht minder wunderbar erscheint es,
dass Erz und Blei in Klumpen untersinken, aber in dünnen Platten

---

335 Fluss in Makedonien.
336 In den Jahren 52, 70 und 76 n.Chr.; gest. 77 n.Chr.
337 Διός Θεοδοσία.
338 Mauronero.
339 Naukria.
340 Lago di Como.
341 Von der Stadt Klaros in Kleinasien, wo Apollo einen Tempel und vier Orakel hatte.

schwimmen; ferner, dass einige Körper von gleichem Gewicht teils sinken, teils schwimmen, dass sich Lasten im Wasser viel leichter bewegen lassen. Der Stein Skyrios[342] schwimmt in großen Stücken, zerkleinert sinkt er aber unter. Frische Leichname sinken unter, sobald sie aber angeschwollen sind, kommen sie in die Höhe. Leere Gefäße lassen sich nicht leichter aus dem Wasser ziehen als volle. Regenwasser ist in den Salzgruben besser als anderes; es bildet sich auch kein Salz, wenn kein süßes Wasser hinzukommt. Meerwasser friert langsamer als jedes andere, erhitzt sich aber schneller. Im Winter ist das Meer wärmer, im Herbst salziger. Alles Wasser wird durch hineingegossenes Öl ruhig. Die Taucher spritzen Öl aus dem Mund, weil dasselbe die Schärfe des Wassers mildert und ihnen Helligkeit verschafft. Auf hoher See fällt kein Schnee. Obgleich alles Wasser abwärtsfällt, so springen doch die Quellen von unten herauf, und dies geschieht sogar am Fuß des brennenden Ätna mit solcher Gewalt, dass der Sand auf 150 000 Schritte weit von der Feuermasse fortgeschleudert wird.

107. Vereinigte Wunder des Feuers und Wassers

235 Nun müssen wir auch vom Feuer, dem vierten Element, einige wunderbare Eigenschaften berichten, und zwar zuerst von den flüssigen Körpern mit feuriger Natur.

108. Von der Maltha

In der Stadt Samosata in Kommagene[343] ist ein Sumpf, der einen brennenden Schlamm, Maltha genannt, auswirft. Wenn er an einen festen Körper kommt, so hängt er sich daran fest; berührt man ihn, so folgt er nach, auch wenn man flieht. So verteidigten die dortigen Einwohner ihre Stadt, welche von Lucullus belagert wurde[344], und die Soldaten verbrannten mit ihren Waffen. Auch

---

342 Vgl. XXXVI. B., 26. Kap.
343 Eine an Kilikien grenzende Provinz von Syrien.
344 68 v.Chr.

im Wasser brennt er fort; nur durch Erde kann man ihn löschen, wie die Erfahrung gelehrt hat.

109. Von der Naphtha

Von ähnlicher Beschaffenheit ist die Naphtha; so heißt nämlich eine bei Babylon im astakenischen Gebiet in Parthien aus der Erde wie flüssiges Harz hervorquellende Materie. Sie hat große Verwandtschaft zum Feuer, denn dies springt ihr, sobald es sich nur irgendwo blicken lässt, zu. So soll Medea ihre Nebenbuhlerin[345], als diese, um zu opfern, vor den Altar trat, verbrannt haben, indem das Feuer ihren Kranz ergriff.

110. Welche Orte stets brennen

236 Aber auch die Berge zeigen wunderbare Erscheinungen. Der Ätna brennt immer des Nachts, und sein Feuerstoff reicht nach so unendlicher Zeit noch aus. Im Winter ist er mit Schnee bedeckt, und seine ausgeworfene Asche überzieht sich mit Reif. Aber nicht in ihm allein wütet die Natur und bedroht die Erde mit Verbrennung. Auch in Phaselis[346] brennt der Berg Chimära Tag und Nacht beständig fort. Ktesias von Knidos[347] erzählt, dass sein Feuer auch im Wasser fortbrenne, durch Erde oder Heu aber gelöscht werden könne. In demselben Lykien brennen die vulkanischen Berge, wenn man sich ihnen mit einer brennenden Fackel nähert, so heftig, dass selbst Steine und Sand im Wasser glühen; dieses Feuer wird auch durch Regenwasser unterhalten. Wenn jemand einen Stock an diesem Feuer anzündet und damit Furchen zieht, so sollen ihm Feuerströme folgen. In Baktrien brennt die Spitze des Kophantos alle Nächte, *237* in Medien und Sittakene, an der Grenze von Persien, gibt es ebenfalls brennende Berge. Zu Susa,

---

345 Krëusa, die Tochter Kreons von Korinth, mit der Jason sich vermählen wollte.
346 Eine Hafenstadt in Lykien, jetzt Igeder.
347 Lebte im 4. Jh. v.Chr., war Leibarzt des jüngeren Kyros und dann, bei Kunaxa gefangen, des Artaxerxes Mnemon.

beim weißen Turm, brennen des Nachts 15 Krater, von denen der größte auch am Tag Feuer speit. Bei Babylon brennt eine Strecke Land von der Größe eines Fischteichs. Auch in Äthiopien in der Nähe des Berges Hesperius glänzen die Felder des Nachts wie Sterne, ebenso im megalopolitanischen Gebiete, wo der leuchtende Platz in einem angenehmen Wald, dessen überhängende Zweige jedoch nicht entzündet werden, verborgen liegt. Auch neben einer kalten Quelle brennt unaufhörlich der Krater des Nymphaios, welcher, wie Theopompos[348] berichtet, den Apolloniaten schreckliche Ereignisse vorher anzeigt.[349] Durch Regen wird seine Glut vermehrt, und er wirft dabei ein Erdharz aus, welches nur durch jene untrinkbare Quelle gelöscht werden kann; übrigens ist es flüssiger als alles andere Harz. Doch wen kann dies alles noch in Verwunderung setzen? **238** Brannte doch mitten im Meer die Insel Hiera[350] in der Nähe von Italien samt dem Meer mehrere Tage hindurch zur Zeit des Bundesgenossenkriegs[351], bis eine Gesandtschaft des Senats es versöhnte. Mit der größten Flamme jedoch brennt ein Bergrücken in Äthiopien, der Götterwagen genannt, und speit während der Sonnenhitze ganze Ströme von Feuer aus. An so vielen Orten und mit so vielen Flammen brennt die Erde?

111. Wunder des Feuers an sich

239 Da nun dieses Element allein die Eigenschaft hat, sich von selbst zu erzeugen und zu vermehren, indem es aus dem kleinsten Funken erwächst, was wird am Ende bei so vielen Scheiterhaufen auf der Erde zu erwarten sein? Was ist die Natur, welche in der ganzen Welt die habgierigste Gefräßigkeit nährt, ohne selbst Schaden zu leiden? Hierzu denke man sich noch

---

348 Aus Chios um 360 v.Chr.
349 Es gab im Altertum neun verschiedene Orte, die den Namen Apollonia führten. Der, welchen Plinius hier meint, ist eine Kolonie der Korinther (oder Korkyräer) am Strymonischen Meerbusen.
350 Vulcano.
351 Der 91 v.Chr. begann.

die unzähligen Sterne und die große Sonne; ferner das Feuer, dessen sich die Menschen bedienen, das in den Steinen ruht, das durch aneinander geriebenes Holz erzeugt wird, das aus den Wolken als Blitze hervorbricht! Es übersteigt wahrlich alle Wunder, dass nur ein Tag vergehen kann, an dem nicht alles verbrennt, da noch überdies Hohlspiegel, welche man den Strahlen der Sonne entgegenhält, leichter zünden als jedes andere Feuer. *240* Und welche unzählige kleine, aber natürliche Arten von Feuer sind nicht überall? In Nymphäum bricht aus dem Felsen eine Flamme hervor, die sich durch Regen entzündet. Dieses geschieht auch bei den skomtischen Gewässern[352]; allein letztere Flamme verliert ihre Kraft, wenn sie auf andere Gegenstände übergeht, und hält in einem anderen Stoff nicht lange an. Seit undenklichen Zeiten beschattet eine lebende Esche diese feurige Quelle. Im mutinensischen Gebiet bricht an bestimmten, dem Vulkan geheiligten Tagen[353] Feuer hervor. Man findet bei den Schriftstellern angeführt, dass auf den aricischen[354] Feldern die Erde in Brand gerate, wenn eine Kohle darauf fällt. Im Land der Sabiner und Sicidiner[355] gibt es einen Stein, der mit Fett bestrichen zu brennen beginnt. In der salentinischen Stadt Egnatia entsteht, wenn man Holz auf einen daselbst für heilig gehaltenen Felsen legt, sogleich eine Flamme. Auf einem unter freiem Himmel befindlichen Altar der Iuno Lacinia[356] soll die Asche selbst durch die heftigsten Stürme nicht weggeführt werden.

241 Sogar im Wasser und am menschlichen Körper entstehen plötzlich Flammen. So soll einmal der ganze Trasimenische See in Feuer gestanden haben. Dem Servius Tullius[357] brach in seiner

---

352 In Kampanien.
353 Im August.
354 Aricia, eine alte Stadt in Latium, vier Meilen von Rom an der Via Appia am albani-schen Berg.
355 Ein Volk in Kampanien; ihre Hauptstadt hieß Trauma, jetzt Tiano.
356 Unter diesem Beinamen wurde Juno in einem Tempel unweit Crotona in Italien verehrt. Dieser Tempel soll vom König Lacinus oder von Herkules, der den Stra-ßenräuber Lacinius in dieser Gegend erlegte, erbaut sein.
357 Sechster römischer König, regierte 576–534 v.Chr.

Kindheit während des Schlafes eine Flamme aus dem Kopf hervor. Valerius Antias[358] erzählt dasselbe von L. Marcius, als dieser nach dem Tod der Scipionen[359] eine Rede hielt und die Soldaten zur Rache aufforderte. Bald werde ich mehr und ausführlicher davon handeln; gegenwärtig können diese Wunder nur vermischt mit den übrigen Gegenständen der Natur erwähnt werden. Da ich nun aber die Erklärung der Natur beendigt habe, so beeile ich mich, den Geist der Leser gleichsam an der Hand über den ganzen Erdkreis zu führen.

112. Bestimmung der Größe der ganzen Erde

242 Unser Erdteil, von dem ich jetzt rede, und der (wie schon gesagt) auf dem ihn umgebenden Ozean gleichsam schwimmt, hat seine größte Ausdehnung von Morgen nach Abend, d.h. von Indien bis zu den von den Gaditanern verehrten Säulen des Herkules, welche Entfernung nach Artemidoros[360] 8 568 000, nach Isidoros[361] aber 9 818 000 Schritte beträgt. Artemidoros fügt noch 891 000 Schritte hinzu, nämlich von Gades um das heilige Vorgebirge[362] herum bis an das Vorgebirge Artabrum[363], welches der äußerste Punkt der vorderen Seite von Spanien ist. **243** Dieses Maß erhält man auf doppeltem Wege. Die Entfernung vom Fluss Ganges und seiner Mündung im Östlichen Ozean, über Indien und Parthyene bis zur Stadt Myriandros in Syrien am Issischen Meerbusen[364] beträgt nämlich 5 215 000 Schritte; von da, auf dem kürzesten Seeweg über Zypern, Patara in Lykien, Rhodos, Astypalaia[365], die Inseln im Karpathischen Meer[366], Tainaron[367] in

---

358 Lebte im 1. Jh. v.Chr.
359 Im Zweiten Punischen Krieg. Vgl. Livius XXV. B., 32.–36. Kap.
360 Von Ephesus im 2. Jh. v.Chr.
361 Von Charax im 1. Jh. n.Chr.
362 Cabo de São Vicente.
363 Cabo Finisterre.
364 Skanderun.
365 Stampalia.
366 Von der Insel Karpathos.
367 Tenaro.

Lakonien[368], Lilybäum[369] in Sizilien, Kalaris[370] in Sardinien: 2 103 000 Schritte; von hier bis Gades 1 250 000 Schritte. Das Gesamtmaß vom Östlichen Meer an beträgt also 8 568 000 Schritte.

244 Die andere, zuverlässigere Bestimmung gibt der Landweg, und zwar beträgt die Entfernung:

vom Ganges bis zum Euphrat	5 169 000 Schritte
von da bis Mazaka[371] in Kappadokien	244 000 Schritte
von da durch Phrygien, Karien und Ephesus	499 000 Schritte
von da durchs Ägäische Meer bis Delos	200 000 Schritte
von da bis zum Isthmos[372]	212 500 Schritte
von da erst zu Lande, dann durchs Lechaische Meer[373] und den korinthischen Meerbusen nach Patras in der Peloponnes	90 000 Schritte
von da bis Leukas[374]	87 500 Schritte
von da bis Korkyra[375]	87 500 Schritte
von da bis Akrokeraunia[376]	132 500 Schritte
von da bis Brundisium	87 500 Schritte
von da bis Rom	360 000 Schritte
von da über die Alpen bis zum Dorf Seingomagus[377]	519 000 Schritte
von da durch Gallien an die Pyrenäen bis Illiberis[378]	927 000 Schritte
von da bis zum Ozean und der Küste Spaniens	331 000 Schritte
von da bis zur Überfahrt nach Gades	7 500 Schritte

---

368 Mani.
369 Marsala.
370 Cagliari.
371 Kayseri.
372 Von Korinth.
373 Der bei Korinth liegende Teil des Golfs von Lepanto.
374 Hauptstadt der Insel Leukada.
375 Korfu.
376 Chimera.
377 Am Fuß der Alpen an der italienischen Grenze, jetzt Sezanne.
378 Elne.

Alle diese Entfernungen betragen nach Artemidoros' Berechnung zusammen: 8 945 000 Schritte.

245 Die Breite der Erde von Mittag zu Mitternacht wird etwa um die Hälfte geringer angenommen, oder zu 4 490 000 Schritten. Hieraus ergibt sich deutlich, wie viel uns auf der einen Seite die Hitze und auf der anderen die Kälte entrissen hat. Allein ich glaube nicht, dass dies der Erde geradezu fehlt oder dass sie deshalb keine Kugelgestalt hat, sondern nehme bloß an, dass beide Teile unbewohnt und uns noch unbekannt sind. Die Entfernung der südlichen Grenze von der nördlichen beträgt:

von der Küste des Äthiopischen Meeres, soweit sie bewohnt ist, bis Meroë	1 000 000 Schritte
von da bis Alexandrien	1 250 000 Schritte
von da bis Rhodos	563 000 Schritte
von da bis Knidos[379]	87 500 Schritte
von da bis Kos[380]	25 000 Schritte
von da bis Samos	100 000 Schritte
von da bis Chios	94 000 Schritte
von da bis Mitylene	65 000 Schritte
von da bis Tenedos	44 000 Schritte
von da bis zum Vorgebirge Sigeon	12 500 Schritte
von da bis zum Ausfluss des Pontus	312 500 Schritte
von da bis zum Vorgebirge Karambis[381]	350 000 Schritte
von da bis zum Ausfluss des mäotischen Sees[382]	312 000 Schritte
von da bis zum Ausfluss des Tanais[383]	275 000 Schritte

---

379 Messi am Kap Krio.
380 Stancho.
381 Kerempe.
382 Asowsches Meer.
383 Don.

Dieser letztere Weg kann aber zu Wasser um 89 000 Schritte abgekürzt werden.

246 Von den Ländern, welche über die Mündung des Tanais hinaus liegen, haben selbst die genauesten Schriftsteller nichts Zuverlässiges aufgezeichnet. Artemidoros hält jene entlegenen Gegenden für unbekannt, doch sagt er, dass am Tanais gegen Norden die sarmatischen Völker wohnen. Isidoros fügt zu dem angegebenen Maß noch 1 250 000 Schritte bis nach der Insel Thule hinzu, doch diese Angabe gehört zu den Ausgeburten der Phantasie. Ich wenigstens weiß, dass die Grenzen der Sarmaten nicht weniger weit, als der eben angegebene Raum beträgt, bekannt sind. Und wie groß muss nicht das Land sein, welches so unzählige Völker, die noch obendrein ihren Wohnsitz oft verändern, bewohnen? Daher glaube ich, dass jene unbewohnten Länder einen viel größeren Raum einnehmen. Auch habe ich erfahren, dass unlängst hinter Germanien sehr viele Inseln entdeckt worden sind.

247 Dies ist es, was ich von der Länge und Breite zu erwähnen für wert halte. Den ganzen Umfang der Erde aber hat Eratosthenes, ein Mann, der in allen Wissenschaften und namentlich in dieser alle anderen an Scharfsinn und Kenntnis übertrifft, dessen Meinungen auch fast von allen angenommen sind, zu 252 000 Stadien, welche 31 500 000 römischen Schritten gleich sind, angegeben. Dies ist eine kühne, aber so genau begründete Behauptung, dass man sich schämen müsste, ihr keinen Glauben zu schenken. Hipparchos, der sowohl wegen seiner gründlichen Beurteilung des Eratosthenes als auch wegen seines übrigen Fleißes Bewunderung verdient, fügt noch etwas weniger als 26 000 Stadien hinzu. **248** Anders verhält es sich mit der Glaubwürdigkeit des Dionysiodoros, und ich will dies auffallende Beispiel griechischer Eitelkeit dem Leser nicht vorenthalten. Er war aus Melos[384] und zeichnete sich in der Geometrie sehr aus. Er starb als Greis in seinem Vaterland, und diejenigen Verwandten,

---

384 Milo.

denen seine Erbschaft zufiel, besorgten sein Begräbnis. Als diese am folgenden Tag die herkömmlichen Gebräuche verrichteten, sollen sie in seinem Grab einen Brief, von Dionysiodoros an die Oberwelt geschrieben, gefunden haben, worin es heißt, er sei von seinem Grab aus in das Innerste der Erde gelangt, und die Entfernung bis dahin betrage 42 000 Stadien. Es fehlte nicht an Geometern, welche erklärten, der Brief sei vom Mittelpunkt der Erde aus geschickt, bis dahin sei von der äußersten Oberfläche die weiteste Strecke, und Letztere also die Hälfte des Erddurchmessers. Hieraus hat man nun berechnet, dass der Umfang der Erde 252 000 Stadien betrage.

113. Harmonische Berechnung der ganzen Welt

Eine harmonische Berechnung, welche eine gleichförmige Übereinstimmung der Natur voraussetzt, fügt zu obengenanntem Maß noch 12 000 Stadien hinzu, und hiernach ist somit die Erde der 96. Teil der ganzen Welt.

Statt eines Nachwortes

*Aus der Einleitung zum Gesamtwerk
von Dr. Manuel Vogel (2007)*

Leben

Gaius Plinius Secundus wurde Ende 23 oder Anfang 24 n.Chr. in Novum Comum in Oberitalien geboren. Das heutige Como am Comer See gehörte einst zu Gallia Cisalpina, geriet seit Anfang des 2. Jahrhunderts v.Chr. in den römischen Einflussbereich und wurde 59 v.Chr. von Julius Caesar mit 5000 Kolonisten besiedelt. Hier hatte die Familie der *Plinii* ihre angestammte Heimat. Mehrere Inschriften zeugen davon.[1] Die wohlhabende Familie gehörte dem Ritterstand an. Mehrere Landgüter am Ufer des Sees waren in ihrem Besitz. Gegen die Herkunft des Plinius aus Novum Comum spricht nicht, dass er den aus Verona stammenden Dichter Catull, den er in der Vorrede der *Naturgeschichte* zitiert (*praef.* 1), an gleicher Stelle seinen »Landsmann« (*conterraneus*) nennt.[2]

Plinius hatte eine Schwester mit Namen Plinia, die mit L. Caecilius Secundus verheiratet war. Nach dem Tod des Gatten übernahm der Bruder, selbst offenbar unverheiratet und kinderlos, die Fürsorge für ihren um 61 geborenen Sohn, den jüngeren Plinius. In einem seiner Briefe erwähnt ihn der Neffe als »mein(en) Oheim, durch Adoption auch mein Vater« (*epist.* 5,8,5)[3]. Stätte seiner Erziehung und Ausbildung war vermutlich Rom, worauf beson-

---

1 CIL 5,5262. 5263. 5667; 11,5272 u.ö.
2 Eine anonyme Plinius-Vita neuzeitlichen Ursprungs, die erstmals in der Brescia-Ausgabe von 1496 gedruckt wurde und im Wesentlichen aus wörtlichen Übernahmen aus den Briefen des jüngeren Plinius besteht, will Plinius als Veroneser führen, fraglos zu Unrecht (König/Winkler 1973, 351f.). Der jüngere Plinius nennt mehr als einmal die Gegend um den Comer See seine Heimat (epist. 2,8,2; 6,24,2; 7,11,5; 9,7,1f.)
3 Zitate aus den Pliniusbriefen aus Kasten 1990.

Absender

Name, Vorname

Straße, Nr.

Plz, Ort

Telefonnummer *

Faxnummer *

Email *

Unterschrift

* freiwillige Angabe

Für Ihre schnelle Anfrage:
info@marixverlag.de

Rückantwort

marixverlag GmbH
Römerweg 10
65187 Wiesbaden

Bitte
ausreichend
frankieren

m marix verlag

Diese Karte entnahm ich dem Buch:

☐ Bitte schicken Sie mir das Gesamtverzeichnis **marix**verlag.

☐ Bitte informieren Sie mich regelmäßig über Neuerscheinungen.

☐ Bitte schicken Sie mir das Gesamtverzeichnis Edition Erdmann „Alte Abenteuerliche Reise- und Entdeckerberichte".

Alle Informationen unter www.marixverlag.de

Mich interessieren folgende Themen:

☐ Geschichte

☐ Philosophie

☐ Weltreligionen

☐ Judaika

☐ Weltliteratur

☐ Kunst

ders seine persönliche Bekanntschaft mit P. Pomponius Secundus hindeutet. Der bekannte Tragödiendichter und Feldherr hatte ihn Anfang der Vierzigerjahre in die besten römischen Kreise eingeführt. In Plinius' Jugendjahre mag auch sein Interesse an der Botanik zurückreichen, angeregt durch seine Besuche im Garten des angesehenen Arztes und Botanikers Antonius Castor, eines griechischen Freigelassenen des Marcus Antonius. Plinius schildert ihn als hochbetagten Mann von unverminderter geistiger Frische (*NH* 25,5). Von Plinius' Tätigkeit als Anwalt berichtet wiederum der Neffe im dritten Buch seiner Briefe. In *epist.* 3,5,7 notiert er, »dass er eine Zeit lang auch Prozesse geführt hat«, doch lässt sich diese Angabe biographisch nicht näher zuordnen. An gleicher Stelle erfahren wir von seinem Militärdienst bei der Kavallerie, eine Tätigkeit, aus der sein erstes Werk, eine einbändige Schrift *Über das Speerwerfen im Reiterdienst* hervorging (*epist.* 3,5,3). Ein weiteres, ebenfalls bis auf wenige Fragmente verlorenes Werk über die römischen Germanenkriege nahm Plinius in Angriff, »als er in Germanien Kriegsdienste tat« (*epist.* 3,5,4). Diese Angabe lässt sich durch eine Notiz aus der *Naturgeschichte* ergänzen und präzisieren: In *NH* 16,2 erwähnt Plinius einen Besuch bei den Chauken, den östlichen Nachbarn der Friesen. Tacitus berichtet in *Annalen* 11,18f. von einem Vorstoß des Domitius Corbulo auf das Gebiet der Chauken. Dieser bedeutendste Feldherr seiner Zeit war im Jahr 47 von Kaiser Claudius zum Befehlshaber von Niedergermanien eingesetzt worden. Nichts spricht dagegen, dass Plinius unter Corbulo in Germanien diente, und zwar im Rang eines Kohortenkommandanten (*praefectus alae*), wie eine auf dem Terrain des Heerlagers Vetera bei Xanthen gefundene Phalera[4] nahelegt: Sie trägt die Inschrift PLINIO PREAFEC[TO] (»Plinius, dem Präfekten«) und kann mit hoher Wahrscheinlichkeit Plinius persönlich zugeordnet werden. Aufenthalten des Plinius am Mittel- und Oberrhein in den Jahren 50/51 verdanken wir

---

4   Phalerae waren zumeist aus Silberblech gearbeitete Plaketten, die als militärische Auszeichnungen an Soldaten vergeben wurden. Man trug sie, an Lederriemen befestigt, auf der Brust.

die einzige erhaltene antike Beschreibung der Heilquellen von Wiesbaden (*NH* 31,20). Im Jahr 52 kehrte er nach Rom zurück und war dort und in seiner Heimat Novum Comum wohl als Anwalt tätig. *NH* 33,63 erwähnt seine Teilnahme an der in diesem Jahr begangenen Einweihung des Entwässerungskanals am Fuciner See. [...]

Gesichert durch eine Notiz in einem Brief des Neffen ist schließlich eine Prokuratur in Spanien, die chronologisch den Aufenthalten in Judäa, Syrien und ggf. Ägypten nachzuordnen ist. Der jüngere Plinius erwähnt, der Legat Larcius Licinius habe seinem Onkel, »während seiner Verwaltungstätigkeit in Spanien« 400 000 Sesterze für die Stoffsammlung der damals noch unabgeschlossenen *Naturgeschichte* geboten (*epist.* 3,5,17). Summarisch sind weitere Prokuraturen bei Sueton in seinem nur in wenigen Fragmenten erhaltenen Werk *De viris illustribus*, »Über berühmte Männer« erwähnt: Sueton notiert, dass Plinius »auch die bedeutendsten Verwaltungsstellen in ununterbrochener Folge mit größter Korrektheit« versehen habe.[5] Über diese Prokuraturen, die sich wohl an die Kommandantur in Ägypten angeschlossen haben, wissen wir indes nichts Genaueres[6]. Außerdem erwähnt der Neffe in *epist.* 3,5,15 Reisen des Onkels, die ausdrücklich nicht durch Amtsgeschäfte bedingt und belastet waren. Dagegen bewegen wir uns mit der Kommandantur des Plinius über die kaiserliche Flotte in Misenum wieder auf sicherem Terrain. Diesem Posten in der kampanischen Hafenstadt ist es geschuldet, dass Plinius den Ausbruch des Vesuvs am 24. August des Jahres 79 miterlebte und am 25. August in Stabiae den Tod fand. Der Neffe hat dem Onkel in einem an den Geschichtsschreiber Tacitus gerichteten Brief, in dem er den Hergang des dramatischen Geschehens detailliert schildert, ein berühmtes literarisches Denkmal gesetzt (*epist.* 6,16).

Der jüngere Plinius gibt in diesem Brief [...] auf den ersten Blick einen minutiösen Tatsachenbericht, der durch die Augen-

---

5   Zitiert nach König/Winkler 1973, 223.
6   Infrage kommen eine narbonensische, afrikanische und belgische Prokuratur.

zeugenschaft seines Verfassers bzw. die zeitnahe Befragung von Augenzeugen höchste Glaubwürdigkeit zu verdienen scheint. In Wahrheit will und tut der Neffe aber etwas ganz anderes: Er entwirft (aus der Distanz von mindestens fünfundzwanzig Jahren seit Plinius' Tod!)[7] ein großartiges Charakterportrait seines Onkels, dem er persönlich so viel zu verdanken hatte. Wie Einleitung und Schlussteil des Briefes zeigen, ist dieses Portrait auch nicht lediglich auf persönliche briefliche Kommunikation zugeschnitten. Vielmehr hat Tacitus von Plinius Informationen über das Schicksal des älteren Plinius erbeten, weil er dieselben in seine *Historien* aufnehmen wollte. Leider ist der betreffende Teil der *Historien* nicht erhalten, sonst könnten wir nachvollziehen, wie Tacitus den brieflichen Bericht in seinem Geschichtswerk verarbeitet hat. Aber auch so ist deutlich, was Plinius von Tacitus erwartete, dass er nämlich den Ruhm seines Onkels verewigen würde. Der Neffe kleidet das Charakterportrait seines Onkels in das Gewand eines Tatsachenberichts. Charakter- und Ereignisdarstellung sind geschickt miteinander verwoben. Vor dem geistigen Auge der Lesenden entsteht das Bild einer Persönlichkeit, die im Angesicht höchster Gefahr furchtlos und mit klarem Kopf zu entscheiden imstande ist und inmitten allgemeiner Panik einen Hort der Ruhe und Besonnenheit darstellt. Plinius ist ganz Wissenschaftler, aber noch mehr ist er durchdrungen vom Wunsch, anderen helfend und rettend zu Seite zu stehen. Sein unerschöpflicher Erkenntnisdrang wird nur noch von seiner Mitmenschlichkeit überboten. Es entspricht dem antiken Topos vom Sterben großer Persönlichkeiten, dass Plinius in der Darstellung des Neffen ein würdiges Ende findet: Noch der Leichnam strahlt etwas von der Ruhe und Integrität des Lebenden aus. Wir wollen an diesem Bild nicht rühren,[8] weisen aber doch darauf hin, dass es sich um ein

---

7   Vorausgesetzt ist hierbei, dass Tacitus' Anfrage in die Abfassungszeit seiner Historien fiel. Diese sind etwa in den Jahren 104 bis 110 entstanden (Borst 1984, 554).

8   Wer dies doch tun will, lese Copony 1987 und Eco 1988. Eco unterzieht den Pliniusbrief auf der Ebene der Ereignisdarstellung einer kritischen Analyse und zeigt, wo der Neffe das Geschehene seinem Darstellungsinteresse entsprechend retuschiert hat.

Bild handelt, nicht um die faktenhistorische Wiedergabe einer objektiven Ereignisfolge.[9]

Selbstzeugnisse, Augenzeugenberichte

Gelegentlich erwähnt Plinius, dass er sich auf eigene Beobachtung und Erinnerung stützt. So wahr er auf weite Strecken mit der Lektüre und Auswertung schriftlicher Quellen befasst war, so wenig ließ er sich doch Gelegenheiten zu eigenen Beobachtungen und Forschungen entgehen. In *praef.* 17 erwähnt er summarisch eine Reihe von Themen, für die er sich auf keinerlei Vorgängerwerke stützen konnte. Neben unpubliziertem Material[10] hat er hierbei gewiss auch selbst Erlebtes verarbeitet. Wenn uns der Neffe den Onkel vor Augen malt, wie er auf den Feuer und Asche speienden Vesuv zuhält und zugleich seinem Sekretär diktiert, was er dabei wahrnimmt, dann mag diese stilisierte Szene auf ihre Art wohl die Wahrheit sagen.[11] Besonders beeindrucken aus der Perspektive modernen Wissensvorsprungs Plinius' Mutmaßungen über die Kugelgestalt der Erde, auf die er wegen der zeitversetzten Erscheinung der Sonnenfinsternis vom 30. April 59 in Kampanien (eigenes Erleben) und in Armenien (Notizen des Corbulo) schloss (*NH* 2,180).[12] […]

---

9   Nicht selten findet man in der Literatur eine allzu selbstverständliche Übernahme dieses Bildes in die moderne Geschichtsdarstellung, so etwa im Resümee von Ziegler 1951, 284: »Die genaue Schilderung seines Verhaltens während der Katastrophe ist ein glänzendes Zeugnis für seinen Charakter, über den wir sonst nichts wüssten«; vgl. dagegen Sallmann 2005, 48f.
10 Detailliert Healy 1999, 48–58.
11 Borst 1994, 20 verweist auf NH 10,63, wo Plinius die durch Aristoteles autorisierte Überlieferung vom Gesang sterbender Schwäne aufgrund eigener Erfahrung bestreitet: »Die Schwäne sollen beim Sterben einen kläglichen Gesang hören lassen, jedoch halte ich dies einigen Beobachtungen zufolge für eine Fabel«.
12 Zur Kugelgestalt der Erde vgl. außerdem NH 2,160–162 (Borst 1994, 20).

Die Naturgeschichte

Eigenart und Aufbau

In der Vorrede – der Form nach ein Brief[13] – spricht Plinius den Widmungsempfänger Titus als sechsmaligen Konsul an; dies erlaubt eine Datierung des fertigen Werkes auf das Jahr 77/78, das Jahr des sechsten Konsulats des nachmaligen Kaisers. Denkbar ist, dass Plinius auch nach der Dedikation an Titus noch an seinem *opus magnum* weitergearbeitet oder es doch wenigstens hier und da verbessert hat. Die vom Neffen erwähnten 160 *commentarii*, die sich in seinem Nachlass fanden, könnten sein Handexemplar gewesen sein, an dem er noch Ergänzungen und Korrekturen vorgenommen hat.[14] So oder so macht das Werk angesichts mancher Wiederholungen und Widersprüche nicht den Eindruck, sein Verfasser habe ihm eine sorgfältige Endredaktion angedeihen lassen.[15]

Im Unterschied zu vielen anderen antiken Quellen ist der Titel *Naturalis historia*[16] durch den Autor selbst verbürgt (*praef.* 1). Damit soll – in betonter Unterscheidung von den blumigen Titeln vi^eler griechischer Werke (*praef.* 24) – von vornherein der mangelnde Unterhaltungswert des Werkes deutlich werden, eine Bescheidenheitsgeste, die zugleich der Leserschaft schmeichelt, wird dieser doch zugetraut, den wahren Wert solch

---

13 Vgl. epistula in praef. 1.2.33. Genauer »handelt es sich um einen Kunstbrief, des näheren um einen Widmungsbrief« (Köves-Zulauf 1988, 155).

14 Warmington 1972, 316.

15 Eine lange Liste editorischer Mängel hat Kroll 1951, 422–424 zusammengestellt.

16 In dieser Einleitung wird Naturalis historia mit Rücksicht auf den von Wittstein gewählten deutschen Werktitel mit »Naturgeschichte« wiedergegeben. Angemessener wäre »Naturkunde«. Zur Begriffsgeschichte vgl. Kambartel 1984. Freilich insistiert Borst 1994, 27 unter Hinweis auf den »schwebenden«, d.h. auch: mehrdeutigen Titel (titulus pendens, praef. 26) auch auf dem »geschichtlichen« Aspekt von historia, nämlich im Sinne naturhafter Determiniertheit der Zeitlichkeit menschlichen Lebens: Was den Menschen »hält«, ist weder der Götterhimmel noch die Unterwelt, sondern der Boden, auf dem er steht und geht, die freundliche Erde. Im Rahmen der ewigen Natur bezeichnet historia demnach die Einbettung menschlicher Zeitlichkeit in die Rahmenbedingungen des Lebens auf Erden« (zu titulus pendens vgl. Borst 1994, 25).

spröder Kost erkennen und würdigen zu können:[17] Die Natur selbst, das gelebte Leben, soll darin zur Darstellung kommen (*praef.* 13). Dementsprechend wünscht sich Plinius auch einfache Leute, Bauern und Handwerker unter seiner Leserschaft (*praef.* 6).

Plinius betont, dass weder bei den Griechen, noch bei den Römern bisher jemand die Mühe auf sich genommen habe, als Einzelner und unter Verzicht auf unterhaltendes Beiwerk alles verfügbare Wissen in einem Werk zu versammeln (*praef.* 14). Sein Werk gibt sich deshalb in der griechischen wie in der römischen Literaturgeschichte als Novum. Er knüpft darin an das griechische Bildungskonzept der *enkyklios paideia* (»Enzyklopädie«) an (*praef.* 15), überbietet dieses aber zugleich, denn sein Anspruch auf Totalität und Universalität reicht über den begrenzten propädeutischen Bildungskanon, den jeder freie Grieche zu absolvieren hatte, weit hinaus. Freilich steht Plinius der Sache nach in einer alten, erstmals bei Aristoteles fassbaren »enzyklopädischen« Tradition, die sich die systematische Kodifikation aller Wissensgebiete und -inhalte zur Aufgabe gemacht hatte.[18] Auf römischer Seite ist vor allem das gewaltige literarische Schaffen des Marcus Terentius Varro (116–27 v.Chr.) zu nennen. Den Werken dieses Gelehrten zu zahlreichen Wissensgebieten (Geschichte, Geographie, Rhetorik, Jurisprudenz, Philosophie, Musik, Medizin, Architektur und Literatur), die größtenteils nicht erhalten sind, hat Plinius viel zu verdanken. In nicht weniger als 31 Büchern nennt er ihn als Quelle.

Ein Novum ist die *Naturgeschichte* jedenfalls darin, dass ihr Verfasser (entgegen der antiken Sitte) sich um eine vollständige

---

17 Ähnlich schon Thukydides in seiner Geschichte des Peloponnesischen Krieges: »Zum Zuhören wird vielleicht diese undichterische Darstellung minder ergötzlich scheinen; wer aber das Gewesene klar erkennen will und damit auch das Künftige, das wieder einmal, nach der menschlichen Natur, gleich oder ähnlich sein wird, der mag sie so für nützlich halten, und das soll mir genug sein« (Übersetzung: Landmann 1976, 36).

18 Näheres bei Sallmann 1997. Zur Geschichte des Enzyklopädie-Gedankens von den antiken Anfängen bis zu den Enzyklopädien der Neuzeit vgl. Collison 1966 und Arnar 1990.

Offenlegung seiner Quellen bemüht zeigt. In *praef.* 17 vermerkt er, dass er etwa zweitausend Werke verarbeitet habe, darunter die von hundert Autoren, die er besonders schätzte. Zahlreiche weitere Autoren – insgesamt 473, unterteilt 146 römische und 327 griechische – nennt er im Anschluss an die einzelnen Inhaltsverzeichnisse, die das erste Buch füllen.[19] Allerdings wird Plinius kaum sämtliche Autoren aus erster Hand gekannt, sondern (mit gewissem sachlichem Recht) namentlich genannte Vorgängerwerke aus den Quellen, die ihm vorlagen, mit in sein Autorenverzeichnis übernommen haben. Auch darf die eindrucksvolle Masse der benutzten Quellen nicht drüber hinwegtäuschen, dass Plinius sich vielfach über weite Strecken auf einen einzigen Autor stützt, etwa auf Varro oder auf Iuba II. von Mauretanien[20], Namen, die immer wieder in den Autorenindices erscheinen, ohne dass er offenlegte, in welchem Umfang er auf die jeweilige Quelle zurückgegriffen hat.[21] Nicht selten verschweigt er seine Hauptquelle sogar gänzlich.[22] Wo er dagegen zu einem Thema aus mehreren Quellen schöpft, reiht er diese nicht selten kritiklos aneinander. Den kulturhistorischen Wert der *Naturgeschichte* schmälert das in keiner Weise. Der Aufbau des Werkes stellt sich wie folgt dar:[23]

---

19 König/Winkler 1973, 332 verstehen praef. 21 so, dass die »Autorenindices [ursprünglich] jedem einzelnen Buch vorangestellt [waren], in der handschriftlichen Überlieferung (…) aber bald aus Gründen der Bequemlichkeit mit den Inhaltsangaben (…) verquickt [wurden]«.

20 Iuba (ca. 50 v.Chr. – 23 n.Chr.) wurde von Julius Cäsar nach der Niederlage seines Vaters Iuba I. nach Rom gebracht und dort erzogen. Im Jahr 25 v.Chr. setzte ihn Augustus als König über das Reich seines Vaters ein. Der mauretanische Herrscher von Roms Gnaden entfaltete ein hohes Maß an Gelehrsamkeit und war als Verfasser zahlreicher historischer und kulturgeschichtlicher Werke hochgeschätzt.

21 Borst 1994, 23 meint, dass Plinius' Zitierweise der Notwendigkeit geschuldet war, sich »von subjektiven, kontroversen oder antiquarischen Meinungen, für die er keine Verantwortung übernehmen wollte«, zu distanzieren. »[W]o er unbestrittene oder aktuelle Feststellungen traf, nannte er seine Quellen selten. Der gelehrte Leser merkte also, was er unbesehen hinnehmen durfte und was er genauer nachprüfen sollte«.

22 Die Quellenkritik ist ihm darin zumeist auf die Schliche gekommen, so etwa im 32. Buch: »Die Hauptquelle des Buches ist, wie so oft, weder im Autorenverzeichnis noch im Text genannt, nämlich Xenokrates« (Hanslik 1951, 389).

23 Nach König/Winkler 1973, 333.

Rechnet man das erste Buch, den Registerband gewissermaßen, nicht mit, so ergibt sich eine Zweiteilung des Gesamtwerkes in zweimal 18 Bücher: »Die erste Hälfte (2–19) gibt eine Beschreibung der Natur an sich (Kosmologie und Geographie 2–6) und ihrer pflanzlichen und tierischen Bewohner, angefangen beim

Menschen (7) bis hin zu den kleinen Gewürzkörnern (19). Die andere Werkhälfte (20–37) begreift die Natur als Lebensraum des Menschen und legt das Gewicht auf das, was sie für Gesundheit und Heilung leistet: Pflanzenpharmazie (20–27), aber auch für die Kultur (Bodenschätze im weiteren Sinne bis hin zu den Edelsteinen, 28–37). Das Werkganze bildet einen Kosmos, der vom Großen und Undifferenzierten (Weltall) fortschreitet zum Kleinsten und Kostbarsten (Gemme) und damit die Botschaft von der gütigen und menschenfreundlichen Natur verkündet«.[24] Die planvolle Makrostruktur der *Naturgeschichte* widerrät der lange Zeit üblichen Geringschätzung des Werkes als Produkt eines ungelehrten Wissenssammlers. Vielmehr ist der Singular *historia* im Werktitel[25] dahingehend zu würdigen, dass Plinius durchaus eine Anschauung von der Einheit seines Erkenntnisgegenstandes hatte.[26]

Zum Inhalt

Der Index, der das ganze erste Buch füllt, sollte der knappen Zeit der Lesenden Rechnung tragen und den Inhalt – Plinius beziffert die Anzahl der behandelten Gegenstände auf etwa 20 000 (*praef.* 17), tatsächlich sind es weitaus mehr – rasch zugänglich machen.

---

24 Sallmann 2005, 57.
25 Dagegen gibt der Neffe den Titel in epist. 3,5,6 ungenau mit naturae historiarum (libri) XXXVII wieder.
26 Eine tiefgründige Interpretation des Gesamtaufbaus formuliert Borst 1994, 23f.: »Wer sich von technischen Beschreibungen nicht ablenken lässt, auf die Gliederung des Gesamtwerks und die rhetorisch hochstilisierten ersten Sätze der Buchblöcke achtet, bemerkt einen Grundgegensatz, der das auch im Detail kontrastreiche Gefüge durchzieht: die Spannung zwischen der langlebigen Natur und dem kurzatmigen Menschen. Die Gliederung des Werkes richtete sich nach der Zeitlichkeit der Naturgebilde. Die erste Hälfte führte von den ewig kreisenden Gestirnen am Himmel (Buch II) über das stationäre Gefüge der irdischen Länder (Bücher III–VI) zur Hinfälligkeit menschlichen Daseins (Buch VII), zum Stirb und Werde der Tiere (Bücher VIII–XI) und Pflanzen (Bücher XII–XIX). Die zweite Hälfte besprach die Heilmittel, mit denen Flora und Fauna das Menschenleben verlängern (Bücher XX–XXXII), und die Künste, mit denen der Mensch seine Vergänglichkeit zu besiegen sucht, vornehmlich durch edle Metalle und Steine (Bücher XXXIII–XXXVII)«.

Das kosmologische zweite Buch[27] führt die einheitliche Weltsicht seines Verfassers eindrucksvoll und anschaulich vor Augen. Die »Welt« (*mundus*) bildet als »Gottheit« (*numen*) eine stoisch-pantheistisch gedachte Einheit, die im bewegten Zusammenspiel der vier Elemente Feuer, Luft, Erde und Wasser ihren Bestand hat. In diesem Zusammenspiel, das der volkstümliche Vielgötterglaube nicht zu erfassen vermag,[28] bilden die Beschaffenheit der Welt (Kosmologie), der Lauf der Planeten und die Bahnen der Kometen (Astronomie), Wetterphänomene (Meteorologie) und die Beschaffenheit von Erde und Meer (Geographie, Geologie) ein verstehbares und beschreibbares Ganzes.[29] Plinius trägt in diesem Buch zusammen, was er über Mond- und Sonnenfinsternisse, Blitze und Donner, Erdbeben, Berechnungen von Tageslängen, Vorkommen von Bodenschätzen, die Vermessung der bewohnte Erde und der Meere und vieles andere in Erfahrung bringen konnte. Die Autorität des Stoikers Poseidonios von Rhodos (135–51 v.Chr.), der zumal in Rom hochgeachtet war, ist im zweiten Buch durchweg zu spüren. Wahrscheinlich war es Varro, dem Plinius seine Kenntnis des Poseidonios verdankte. [...]

---

27 Der anstehende skizzenhaft-eklektische Durchgang durch das Gesamtwerk orientiert sich an der ausführlichen Darstellung von Kroll und Hanslik 1951, 300–409, sowie an Warmington 1972, 318–327 und König/Winkler 1979, 31–52.

28 Borst 1994, 26 zeichnet die geistige Haltung nach, die Plinius in Distanz zum Betrieb volkstümlicher Religion brachte: »Himmel, Gott, Natur, Kosmos (ornamentum) sind viele unscharfe Namen für eine Ganzheit, die der Mensch, ein Teil dieses Ganzen, verehren muss und nicht abgrenzen kann. Er ist ein Stück des Makrokosmos, kein für sich lebensfähiger Mikrokosmos. Sein Leben besteht aus Religion, doch Gott begegnet ihm nicht als Bild und Gestalt, schon gar nicht als Göttervielfalt des Jupiter und Merkur und der ganzen absurden Namenliste (nomenclatura), an die bloß unsere Schwäche glaubt. Nur gelehrter und ungelehrter Pöbel malt sich aus, dass die Götter von der Welt abgehoben und nach einmaliger Tätigkeit für immer dem Müßiggang ergeben seien. Ebenso wenig sind sie allmächtig und von den Naturgesetzen entbunden; kein Gott kann sich den Tod geben, Tote erwecken, Vergangenes ungeschehen machen, allenfalls Vergessen schenken«. Anders als Epikur hat Plinius aus seinen religionskritischen Ansätzen freilich kein philosophisches Programm gemacht. In Zeiten, da sich der Götterhimmel zunehmend auch mit verstorbenen Kaisern füllte, war seine Abschaffung politisch nicht angezeigt. Zur Stellung der Religion in der Naturgeschichte vgl. auch Beagon 1992, 92–123.

29 Vgl. auch Borst 1994, 31f. zum Zusammenhang von kosmischen Zyklen und agrarischen Rhythmen.

Die Weltauffassung der Naturgeschichte
zwischen Naturvertrauen, Kulturpessimismus
und imperialer Ideologie

Plinius' schier unermessliche Fleißarbeit verliert sich zu keiner Zeit in den zahllosen dargestellten Einzelheiten. Den Lesenden mag es so ergehen, der Verfasser selbst hat jedoch stets einen Begriff von seinem gewaltigen Unterfangen, und dieser Begriff heißt »Natur«.[30] Was der Titel beim Namen nennt und die Vorrede als Programm formuliert (s.o. zu *praef.* 13), hebt die gebetsartige Anrufung am Ende des letzten Buches ins Religiöse: »Sei mir gegrüßt, Natur, du Mutter aller Dinge, und nimm es gütig auf, dass unter den Quiriten ich allein es bin, der dich in allen deinen Werken verherrlicht hat« (37,205). Immer wieder rühmt Plinius die Freigiebigkeit und Hoheit, die Erhabenheit und Kraft der Natur, schreibt ihr göttliche Providenz zu, mit der sie alles um des Menschen willen (7,1; 20,1) und zu seinem Besten eingerichtet hat, auch dort, wo sich die Güte ihres Waltens dem menschlichen Verstand nicht erschließt. Gegen den Vorwurf, sie habe auch Schädliches ersonnen, nimmt Plinius sie in Schutz: Es seien nur die eigenen Verbrechen, die die Menschen der Natur anlasten, denn dass in der Natur Gifte vorkommen, sei das eine, ein anderes, dass Menschen diese Gifte aufspüren, um sie als Waffen einzusetzen (18,1–5). Freilich erfährt solches religiöse Naturvertrauen, wie wir sahen, eine Trübung, sobald Plinius über die Ausgesetztheit des Menschenlebens nachdenkt (7,1ff).[31] Hier fällt das kritische Wort von der Natur als »Stiefmutter«: Der Mensch, von der Natur versorgt und privilegiert, findet sich doch als arg geplagtes Wesen vor.

Doch sind solche Töne nur selten zu vernehmen. Ansonsten sind die Rollen klar verteilt: Die Natur tut dem Menschen alles erdenklich Gute, und der Mensch dankt es ihr schlecht. Für

---

30   Zum Naturbegriff vgl. Beagon 1992, 26–54.
31   Dazu auch Beagon 1992, 69–75.

Plinius steht jeder kulturelle Fortschritt unter dem Generalver-
dacht des Abfalls von der ursprünglichen Naturordnung und der
Entfremdung vom lebensdienlichen Naturzusammenhang. Das
Graben nach Metallen und Edelsteinen ist Ausdruck rastloser
menschlicher Gier nach Luxus und Macht. Unter Tage sucht der
Mensch »nach Reichtümern, Gold, Silber, Elektrum und Erz, dort
sucht er Edelsteine zum Schmuck und farbige Zierrate für Wände
und Finger, dort Eisen für seine Keckheit, und dieses letztere
Metall wird bei Krieg und Mord sogar dem Golde vorgezogen.
Die Natur wehrt sich spürbar gegen solche Maßlosigkeit dann,
wenn die Erde bebt, ein Naturphänomen, das Plinius teilweise
auf die unterirdischen Hohlräume zurückführt, die infolge der
Ausbeutung der Bodenschätze unter Tage entstehen: »Wir verfolgen alle ihre Adern, wohnen auf einer ausgehöhlten Erde und
wundern uns noch, dass sie zuweilen voneinander spaltet und
erzittert, wie wenn dergleichen Ereignisse etwas anderes wären
als der Ausdruck des Unwillens der heiligen Mutter über unser
Treiben«. Dabei lässt die Natur doch, meint Plinius, alles zum
Leben Nötige an ihrer Oberfläche wachsen. Möchten die Menschen doch wieder dahin kommen, sich damit zu bescheiden.
Andernfalls ist absehbar, dass die natürlichen Ressourcen über
kurz oder lang erschöpft sein werden. Das Unbehagen des Plinius
über den hemmungslosen Raubbau an der Natur klingt für uns
Heutige sonderbar vertraut:[32] »Möge der menschliche Geist (...)
bedenken, welches Ende bevorsteht, wenn nach Jahrhunderten
die Erde erschöpft ist, und wohin die Habsucht noch führen wird.
Wie unschuldig, glückselig, ja wie prächtig wäre das Leben, wenn
wir nichts anderes, als was über der Erde, kurz nichts als was um
uns ist, begehrten«.

Solcher Pessimismus ist mit einem ausgeprägten altrömischen
Konservativismus gepaart. Zu Beginn des 18. Buches ruft Plinius
in Erinnerung, welch ein hohes Ansehen die Landwirtschaft einst
in Rom genoss. Nichts war ehrenvoller, als den eigenen Acker zu

---

32   Vgl. auch Healy 1999, 371–379.

bestellen, und so rekrutierte sich die politische Elite im alten Rom aus Landleuten. Der ältere Cato, den er an zahllosen Stellen zitiert, gilt ihm als Gewährsmann einer maßvollen Agrarwirtschaft.[33] Der Geschmack war noch nicht durch den Import exotischer Nahrungsmittel verdorben, und das tägliche Brot war zu Preisen zu bekommen, die noch jeder bezahlen konnte. Damals »reichten, obgleich Italien von keiner andern Provinz her Zufuhr erhielt, die Feldfrüchte zum Unterhalte nicht nur hin, sondern sie standen auch in unglaublich niedrigem Preise«. Den Import von Luxusartikeln[34] und überfeinerten Speisen tadelt Plinius auf Schritt und Tritt, und die Seefahrt, durch die der Fernhandel überhaupt erst möglich wurde, mag er nicht. Althergebrachter Naturheilkunde (einschließlich mancherlei abstruser volkstümlicher Magie) gibt er gegenüber der wissenschaftlichen Medizin den Vorzug. Besonders den griechischen Ärzten misstraut er zutiefst.[35] Sie missbrauchten, meint er, ihre Kunst dazu, ahnungslose römische Patienten schleichend zu vergiften, um sich so für den Sieg Roms über Griechenland zu rächen. Auch hierin weiß er sich mit dem älteren Cato einig (29,14).

In der Verachtung der Griechen[36] wird anschaulich, wie sich in Plinius' Kulturpessimismus ein nahezu ungebrochener imperialer Patriotismus mischt. Plinius ist ein Angehöriger der römischen Oberschicht, unerschütterlich ist seine Loyalität zum Kaiserhaus. Nur sehr vereinzelt und andeutungsweise gerät der Status quo des römischen Weltreiches in den Fokus seiner Kulturkritik, etwa wenn er meint, dass expansives Machtstreben mit einem Niedergang der Wissenschaften einhergeht: »Früher, als die Reiche der einzelnen Völker mit ihnen selbst ein abgeschlossenes Ganzes bildeten, mithin auch ihre geistigen Anlagen innerhalb derselben blieben, machte es gleichsam die Unfruchtbarkeit des

---

33 Diederich 2007, 162 mit Hinweis auf NH 18,200: »Plinius dem Älteren mit seinem stark rückwärtsgewandten landwirtschaftlichen Programm gilt der Censorier geradezu als Orakel«.
34 Zu Plinius' Ablehnung des Luxus vgl. Beagon 1992, 75–79.
35 Zur Abwertung griechischer Medizin vgl. Grüninger 1976, 92–108.
36 Weitere Stellen bei Kroll 1951, 417.

Glücks notwendig, den Geist in Tätigkeit zu setzen; sehr viele Könige wurden als Verehrer der Künste gepriesen, sie suchten einen Ruhm darin, diese höher zu stellen als Reichtümer, und glaubten, sich dadurch die Unsterblichkeit erwerben zu können.« Dagegen gereichte »[d]en Nachkommen (...) die Weitläufigkeit der Welt und die Menge der Dinge zum Schaden« (14,[Kap1]).

Dass jedoch Macht zu Oberflächlichkeit und Materialismus verleitet, stellt weder den Besitz noch den Gebrauch von Macht grundsätzlich infrage. Eher handelt es sich um eine unerwünschte Nebenwirkung, der nicht zuletzt die in kaiserliche Hände gelegte *Naturgeschichte* gegensteuern soll. Plinius hat es sich zur Aufgabe gemacht, den Wissensschatz früherer Generationen und Epochen vor dem Verschwinden zu bewahren und damit der Bildungsvergessenheit seiner Zeit (2,117f.) abzuhelfen. Der Anspruch Roms auf Vorherrschaft in der Welt wird damit nicht von höherer Warte aus infrage gestellt, sondern im Gegenteil dadurch legitimiert, dass Plinius für den römischen Weltfrieden (und sei es nur *via negationis*) einen hohen moralischen Standard definiert. Darin ist Plinius durchaus kein einsamer Rufer. Vielmehr dürfte seine kulturpessimistische Attitüde durchaus der geistigen Gestimmtheit der stadtrömischen Oberschicht entsprochen haben. Man vergab sich nichts, wenn man über den allgegenwärtigen Sitten- und Bildungsverfall klagte und sich in Wunschbildern einer idealen Frühzeit verlor. Das einfache Leben der kynischen Wanderphilosophen bewunderte man, teilen wollte man es nicht.[37]

Jedenfalls fügte sich die Rolle des kulturkritischen Gelehrten problemlos zu der des militärischen und zivilen Akteurs der römischen Weltmacht. Die berühmten Plinius-Skulpturen an der Fassade des Doms von Como, die Onkel und Neffen Seite an Seite zeigen,[38] machen die ideologische Kohärenz von Wissens-

---

37 Über Einflüsse eines populären Kynismus bei Plinius zutreffend Kroll 1951, 412: »[D]em schwerreichen Mann wäre das Leben eines Diogenes oder Dentatus unerträglich gewesen«.

38 Dazu Giebel 1995, 162, dort auch die Abbildung der Skulpturen. Bemerkenswert ist, dass zwei heidnische Schriftsteller die Fassade eines Kirchengebäudes zieren, zumal dem jüngeren Plinius schon früh (und, als Folge einer Verwechselung, auch

aneignung und imperialer Machtentfaltung anschaulich, die für die Persönlichkeit des Plinius wie für sein literarisches Schaffen gleichermaßen prägend war: Beide Plinii tragen die *lacerna*, einen leichten Kapuzenmantel, der über der Toga getragen wurde. Ikonographisch sind sie durch diese Tracht als Gelehrte zu erkennen. Der ältere Plinius jedoch schlägt mit einem Buch den Gelehrtenmantel zurück und der Blick des Betrachters fällt auf den *calceus*, den bis über die Wade hinaufreichenden Offiziersstiefel.

Die dargestellte Personalunion von Naturforscher und militärischem Befehlshaber steht für einen inneren Zusammenhang von römischem Herrschaftsanspruch und universalem Wissendrang: Die Welt, die es zu beherrschen galt, sollte auch erkundet, beschrieben und verstanden werden.[39] Als Plinius dem künftigen Imperator Titus sein *opus magnum* übereignete, legte er ihm gewissermaßen die »ganze gewusste Welt« zu Füßen.[40] Dass die gewusste Welt an ihren Rändern – d.h. an den Rändern des Imperium Romanum – immer bizarrer wird, dient gewissermaßen der Demarkation der Reichsgrenzen als der Grenzen der zivilisierten Welt. Besonders die ethnographischen Kapitel der *Naturgeschichte* zeigen diese Tendenz. Sie instruieren nicht zum Umgang mit beherrschten Ethnien, sondern markieren die Ränder des Reiches als Ränder der Zivilisation.[41] Sodann kann die Vorliebe des Plinius für alles Kuriose und Sensationelle, die seinem Werk in der Neuzeit vielfach den Ruf des Unseriösen eingetragen hat,[42] als

---

seinem Onkel) der Ruf des Christenverfolgers anhaftete (Sallmann 2005,58f.): Der Neffe war in seiner Eigenschaft als Statthalter von Bithynien mit Christenprozessen befasst, wie aus seinem Briefwechsel mit Kaiser Trajan hervorgeht (epist. 10,96f.). Der christliche Apologet Tertullian von Karthago unterwarf die darin verabredeten Verfahrensgrundsätze einer schneidenden Kritik (Apologeticum 2,8).

39 So die von Murphy 2004 durchgeführte Lektüre der Naturgeschichte.

40 Das griechische Pendant für den Zusammenhang von Wissens- und Machtzuwachs liefert Plinius in NH 8,44: Alexander habe Aristoteles aufgetragen, sämtliche Tierarten in Griechenland und Asien zu erforschen und zu erfassen, »damit kein Tier in der Welt ihm unbekannt bleiben möchte«.

41 Murphy 2004, 211ff.

42 Eine kleine Auswahl bietet Kroll 1951, 415: Plinius »glaubt oder hält doch für mitteilenswert, dass ein äthiopischer Stamm einen Hund zum König hatte (6,192), (…) dass eine Gans ihr Interesse für Philosophie bekundete, indem sie dem Lakydes nachlief (10,51), dass Trauben in Innerafrika die Größe kleiner Kinder erreichen

Niederschlag imperialen Sammeleifers gelesen werden. Sueton berichtet von Augustus, dass er seine Villen nicht mit besonderem Luxus ausstattete, wohl aber mit allerlei kuriosen Dingen aus allen Teilen des Reiches.[43] So gesehen ist Plinius' *Naturgeschichte* nicht zuletzt auch ein monumentales literarisches Kuriositätenkabinett. Dass aus den Provinzen regelmäßig über spektakuläre Funde und Ereignisse nach Rom Bericht erstattet wurde,[44] deutet an, dass der Kaiser solche Neuentdeckungen zu kontrollieren beanspruchte. Plinius profiliert sich gewissermaßen als Zulieferer allergrößten Stils. Auffällig ist dabei das fast schon übertriebene *understatement* in der Widmung, mit dem er seine Rolle als Verfasser des riesigen Werkes kleinredet, bis dahin, dass er sein eigenes geistige Format ausdrücklich als mittelmäßig einstuft (*praef.* 12). Dies ist wohl nicht zuletzt eine geschickte Vorsichtsmaßnahme,[45] damit der Zulieferer nicht unversehens in die gefährliche Position des Konkurrenten gerät,[46] der das kaiserliche Wissensmonopol allein schon durch das Maß der eigenen Gelehrsamkeit in Frage stellt.[47]

(14,14); dass der Lotosbaum 100 m lange Wurzeln hat (16,236); dass aus zerstoßenen Widderhörnern Spargel entstehen (19,151) (…), dass Mithridates 22 Sprachen beherrschte und sich mit allen seinen Untertanen ohne Dolmetscher verständigte (25,6 vgl. 7,88); dass die kleine Muschel [sic] Echeneis bei jedem Wetter Schiffe aufhalte (32,2), dass die Sikyonier für die schlechte Behandlung von Künstlern durch Misswachs gestraft wurden (36,9f)« (römische Paragraphenzahlen durch arabische ersetzt).

43 Sueton, Augustus 73 (Murphy 2004, 199).

44 In NH 9,9 notiert Plinius, dass Tiberius über eine Begegnung mit dem Meeresgott Triton Bericht erstattet worden sei. An gleicher Stelle erwähnt er einen Legaten, der Augustus vom Fund toter Nereiden (Meernymphen) in Kenntnis gesetzt habe. Plinius wird derlei Berichte auch an anderen Stellen in seinem Werk verarbeitet haben (Murphy 2004, 198).

45 Auch die gleich zu Anfang betonte Vorrangstellung Vespasians vor Titus kommt nicht von ungefähr. Plinius beugt damit dem Verdacht vor, hinter der lobenden Anrede an Titus stehe mangelnde Loyalität gegenüber dem Herrscher Vespasian (dazu Köves-Zulauf 1988, 186).

46 Ähnlich Sallmann 2005, 47: »Plinius' unauffällige Leistungsstärke, sein stilles Heldentum, sein unerschütterliches Pflichtbewusstsein erscheint heute den meisten als sympathisch, vielleicht sogar ideal, aber man muss wissen, dass dies die neue Tugend unter Roms neuen Herrschern war, die nicht duldeten, im Schatten der überdurchschnittlichen Erfolge anderer zu stehen«.

47 Murphy 1994, 205. Vgl. auch praef. 2f.: Titus habe Plinius dafür getadelt, dass er durch allzu große Vertrautheit mit dem Prinzen aus seiner Untertanenrolle falle. Köves-Zulauf 1988, 180ff. zeigt, dass Titus in der Vorrede in der Rolle des *auctor*

Im Übrigen teilt der Naturkundler in Gelehrtenmantel und Offiziersstiefeln mit dem kaiserlichen Widmungsempfänger die imperiale Perspektive auf die Masse des versammelten Wissens. Plinius stellt am Ende der *Naturgeschichte* dem Gebet an die Natur (37,205) einen Lobpreis auf Italien voran (37,201): Italien ist – von Mutter Natur in allen Dingen bevorzugt – »Herrscherin und zweite Mutter der Welt«. In 27,2 feiert Plinius sein Rom als der Menschen »zweite Sonne«, die Pax Romana als ein Geschenk an die Menschheit, dessen ewige Dauer er von den Göttern erbittet. Italien ist dasjenige Land, das »Ernährerin und Beherrscherin aller Übrigen ist, von den Göttern ausersehen, selbst den Himmel berühmter zu machen, zerstreute Reiche zu vereinigen, Sitten zu mildern, die verschiedenen rauen Zungen so vieler Völker durch seine Sprache zu verbinden, Geselligkeit und Humanität unter den Menschen zu verbreiten, kurz, das einzige Vaterland aller Völker der Erde zu werden« (3,39). Es bedarf keines Beweises, dass die unterworfenen Völker zumeist eine weniger harmonische Auffassung vom römischen Weltfrieden hatten.[48]

Rezeptionsgeschichte und Textüberlieferung

Erste Spuren einer intensiven Benutzung der *Naturgeschichte*[49] finden sich in den »Attischen Nächten« (*Noctes Atticae*) des Aulus Gellius (ca. 130–180), der es freilich einseitig auf die von Plinius gesammelten *mirabilia* abgesehen hatte. Der Verweis auf Plinius' Autorität legitimiert jede Abstrusität, schiebt ihm freilich auch

---

erscheint, dergestalt, dass er Inspirator des ganzen Werkes und Bürge seines Wertes ist.

48 Im Falle der von Plinius ethnographisch traktierten Essener erlaubt die Quellenlage eine Konfrontation der römischen Sicht auf Judäa mit einer judäischen Sicht auf Rom. Im essenischen Habakuk-Pescher von Qumran heißt es von den »Kittäern«, d.h. den Römern, dass sie »das Land mit ihren Rossen und ihren Tieren zerstampfen. Und von fernher kommen sie (…), um alle Völker zu fressen wie ein Geier, ohne Sättigung zu finden. Und in Grimm und Wut, in glühendem Zorn und wütendem Schnauben reden sie mit allen Völkern« (1QpHab III, 9–13, zitiert nach Lohse 1986, 231. Zur Deutung der Kittäer auf Rom vgl. a.a.O., 296 und Feldman 1984, 245–247 referierte Literatur).

49 Zum Folgenden Kroll 1951, 430f; Warmington 1972, 328; König/Winkler 1973, 337–324; König/Winkler 1979, 67–80; Sallmann 2005.

die Verantwortung für das Berichtete zu, ein Spiel, das schon Plinius selbst auf seine Weise gespielt hatte. Im dritten Jahrhundert verfasste ein gewisser Gaius Julius Solinus eine »Sammlung von Merkwürdigkeiten« (*Collectanea rerum memorabilium*), die größtenteils aus der *Naturgeschichte* abgeschrieben ist. Auch für Solinus ist Plinius in erster Linie Lieferant von Sensationen. Spuren der *Naturgeschichte* finden sich im 2. Jh. noch bei Apuleius und Tertullian von Karthago, im 3. Jh. bei Gargilius Martialis, einem lateinischen Fachschriftsteller auf dem Gebiet der Landwirtschaft. Ebenfalls in das dritte Jh. datiert die anonyme *Medicina Plinii* in drei Büchern, eine weithin bekannte und benutzte Epitome der medizinischen Bücher der *Naturgeschichte*. Im 4. Jh. hat der römische Historiker Ammianus Marcellinus aus Plinius geschöpft, gelesen hat ihn auch der Kirchenvater Hieronymus. In den folgenden Jahrhunderten zählen Augustin, der Philosoph Boethius und Isidor von Sevilla zu den prominenten christlichen Lesern der *Naturgeschichte*. Ein ausgezeichneter Kenner des Werkes war sodann der Universalgelehrte und Benediktinermönch Beda Venerabilis (672/3–735), der für seine Revision der von Dionysius Exiguus aufgestellten christlichen Zeitrechnung ausgiebig von der plinianischen Kosmologie (*NH* 2) Gebrauch machte. Die Spur der mittelalterlichen Pliniusrezeption führt weiter über Alkuin (ca. 730–804), den Vertrauten Karls des Großen, Johannes Scotus Eriugena (ca. 810–877) und Hugo von Sankt Viktor (1096–1141) bis zu Johannes von Salisbury (ca. 1110–1180) und Albertus Magnus (1193–1280). Aus der Zeit der beginnenden Renaissance sind v.a. die italienischen Humanisten Francesco Petrarca (1304–1374) und Giovanni Boccaccio (1313–1375) zu nennen, die sich um die Textkritik der *Naturgeschichte* verdient gemacht haben.

Die erste gedruckte Ausgabe der *Naturgeschichte* erschien 1469 in Rom. Bis 1799 folgten nicht weniger als 222 weitere komplette Ausgaben und 281 Auswahlausgaben, woran kenntlich wird, dass Plinius' *opus magnum* seine Autorität als naturwissenschaftliches Standardwerk bis in die Neuzeit behaupten konnte. Erst das 19. Jh. mit seinen gewaltigen naturwissenschaftlichen und technischen

Fortschritten brachte eine nüchternere Einschätzung mit sich. So manche abfällige Bemerkung war nun zu hören, etwa diejenige Theodor Mommsens über die *Naturgeschichte* als unwissenschaftliches »Studierlampenbuch«. Es galt nun, aus wissenschaftshistorischer Perspektive zu einer neuen Bewertung des Werkes zu gelangen. Schon Alexander von Humboldt hatte die *Naturgeschichte* »als das größte römische Denkmal« bezeichnet, »welches der Literatur des Mittelalters vererbt wurde«. Philologisch war das 19. Jh. allemal um Plinius bemüht. Die erste kritische Ausgabe von der Hand Julius Silligs (1851) erschien in der Bearbeitung von Ludwig Jan zwischen 1854 und 1865. Textkritisch weitaus wertvoller war jedoch die Edition von Detlef Detlefsen (Berlin 1866 bis 1882). Die Ausgabe von Sillig/Jan ist in einer weiteren Überarbeitung durch Karl Mayhoff (1892 bis 1909) der noch heute gebräuchliche Text. Auch drei deutsche Gesamtübersetzungen hat das 19. Jh. hervorgebracht: Ph.H. Külb (1840), Chr.F.L. Strack (1854) und – nun neu aufgelegt – C.G. Wittstein (1881–1882). Die textkritische Situation ist freilich bis heute unübersichtlich und die noch zu leistende Arbeit mit mannigfachen Schwierigkeiten behaftet.[50] Von den gegenwärtig bekannten 200 Handschriften, die zumeist stark durchkorrigiert sind, sind die wenigsten kollationiert. Ein Stemma gibt es dementsprechend bis heute nicht. Die sorgfältigste Arbeit hat bisher Mayhoff geleistet, doch ist sein Text stark konjiziert, weshalb seiner Ausgabe diejenige von Detlefsen vergleichend zur Seite zu stellen ist.

---

50 Einzelheiten bei Kroll 1951, 434f.

Literaturauswahl

Textausgaben

C. Plinii Secundi Naturalis historia, ed. D. Detlefsen, Berlin 1866–82.

C. Plinius Secundus, Naturalis historiae libri XXXVII, edd. L. Ian, C. Mayhoff; Leipzig 1906ff (Nachdruck Stuttgart 1967).

C. Plinius Secundus d. Ä., Naturkunde lateinisch – deutsch, herausgegeben und übersetzt von Roderich König in Zusammenarbeit mit Gerhard Winkler, München 1973ff (auf der Grundlage des Mayhoff'schen Textes mit ausführlichen Erläuterungen und Spezialbibliographien in den einzelnen Bänden).

Pliny, Natural History, ed. H. Rackham u. a. (Loeb Classical Library), Cambridge (Mass.)/London, 1938ff (Lateinisch-englische Ausgabe).

Pline l'Ancien, Histoire naturelle, ed. J. Beaujeu, A. Ernout u.a., Paris 1950ff. (Lateinisch-französische Ausgabe mit Kommentar und kritischem Apparat).

Gesamt- und Überblicksdarstellungen

Borst, A. Das Buch der *Naturgeschichte*. Plinius und seine Leser im Zeitalter des Pergaments, Heidelberg 1994, 17–36.

Dihle, A.: Die griechische und lateinische Literatur der Kaiserzeit. Von Augustus bis Justinian, München 1989, 194–198.

Healy, J.F.: Pliny the Elder on Science and Technology, Oxford 1999, 1–36.

König, R.; Winkler, G. (Hgg.): C. Plinius Secundus, Naturkunde. Lateinisch – deutsch, Buch I, München 1973, 322–342

König, R.; Winkler, G.: Plinius der Ältere. Leben und Werk eines antiken Naturforschers, München 1979

Nikitinski, O.: Plinius der Ältere: seine Enzyklopädie und ihre Leser. In: Kullmann, W.; Althoff, J.; Asper, M. (Hgg.), Gattungen wissenschaftlicher Literatur in der Antike, Tübingen 1998, 341–359.

Sallmann, K.: Art. Plinius Secundus (der Ältere), Der Neue Pauly Bd. 9, Stuttgart 2000, 1135–1141.

Schanz, M./Hosius, C.: Geschichte der römischen Literatur, Bd. 2 (Handbuch der Altertumswissenschaft 8. Abt., zweiter Teil), München 1935, 768–783.

Warmington, E.H.: Plinius der Ältere. In: Fassmann u.a. (Hgg.), Die Großen der Weltgeschichte Bd. 2, Zürich 1972, 310–331.

Ziegler, K./Kroll, W./Gundel, H./Aly, W./Hanslik R.: Art. Plinius (5): C. Plinius Secundus der Ältere, Paulys Realencyclopädie der Classischen Altertumswissenschaft Bd. 21.1 (41. Halbband), Stuttgart 1951, 271–439 (zitiert nach den einzelnen Autoren)

Forschungsberichte

Sallmann, K.: Plinius der Ältere 1938–1970, Lustrum 18/1975, 5–299

Serbat, G.; Kádár, Z.; Berényi-Révész, M.: Pline l'Ancien. État des études sur sa vie, son oeuvre et son influence, In: Haase, W.; Temporini, H. (Hgg.), Aufstieg und Niedergang der römischen Welt II.32,4, Berlin/New York 1986, 2069–2200.

Quellen

Münzer, F.: Beiträge zur Quellenkritik der Naturgeschichte des Plinius, Berlin 1897

Wellmann, M.: Beiträge zur Quellenanalyse des älteren Plinius, Hermes 59/1924, 129–56

Vorrede

Köves-Zulauf, Th.: Die Vorrede der plinianischen »Naturgeschichte«. In: Ders., Kleine Schriften, herausgegeben von Achim Heinrichs, Heidelberg 1988, 148–198

Howe, N.P.: In Defense of the Encyclopedic Method. On Pliny's Preface to the Natural History, Latomus 44/1983, 561–576

Kosmologie

Kroll, W.: Die Kosmologie des Plinius, Breslau 1930

Sprache und Stil

Healy, J.F.: The Language and Style of Pliny the Elder. In: Filologia e Forme Letterarie (FS Francesco della Corte Bd. 4), Urbino 1987, 1–24

Ders.: Pliny the Elder on Science and Technology, Oxford 1999, 79–99

Rezeptionsgeschichte

Borst, A.: Das Buch der Naturgeschichte. Plinius und seine Leser im Zeitalter des Pergaments, Heidelberg 1994

Sallmann, K.: Plinius der Ältere (23/24–79 n.Chr.). In: Ax, W.: Lateinische Lehrer Europas. Fünfzehn Portraits von Varro bis Erasmus von Rotterdam, Köln/Weimar/Wien 2005, 54–65

Weitere Literatur

Arnar, A.S.: Encyclopedism from Pliny to Borges, Chicago 1990

Beagon, M.: The Thought of Pliny the Elder, Oxford 1992

Borst, J. u.a. (Hgg.): P. Cornelius Tacitus, Historien. Lateinisch – deutsch, München/Zürich, 5. Auflage 1984

Bußmann, H.: Lexikon der Sprachwissenschaft, Stuttgart 2. Aufl. 1990

Collison, R.: Encyclopeadias: Their History througout the Ages, New York/London 1966

Copony, R.: Fortes fortuna iuvat. Fiktion und Realität im ersten Vesuv-Brief des jüngeren Plinius, Grazer Beiträge 14/1987, 215–228

Diederich, S.: Römische Agrarhandbücher zwischen Fachwissenschaft, Literatur und Ideologie, Berlin/New York 2007

Eco, U.: Portrait des Älteren als Jüngerer Plinius. In: Ders., Über Spiegel und andere Phänomene, München 1988, 223–243

Feldman, L.H.: Josephus and modern Scholarship (1937–1980), Berlin 1984.

Giebel, M.: Treffpunkt Tusculum. Literarischer Reiseführer durch das römische Italien, Stuttgart 1995

Grüninger, G.: Untersuchungen zur Persönlichkeit des älteren Plinius. Die Bedeutung wissenschaftlicher Arbeit in seinem Denken (Diss. Freiburg i.Br. 1976)

Healy, J.F.: Pliny the Elder on Science and Technology, Oxford 1999

Kambartel, F.: Art. Naturgeschichte, Historisches Wörterbuch der Philosophie Bd. 6, Darmstadt 1984, 526–528

Kasten, H. (Hg.): Gaius Plinius Caecilius Secundus, Briefe – epistularum libri decem, Lateinisch-deutsch herausgegeben von Helmut Kasten, München/Zürich 6. Aufl. 1990

Landmann, G.P. (Hg.): Thukydides, Geschichte des Peloponnesischen Krieges. Übersetzt und mit einer Einführung versehen, Zürich 1976

Lohse, E.: Die Texte aus Qumran. Hebräisch und Deutsch, München 4. Aufl. 1986

Murphy, T.: Pliny the Elder's Natural History. The Empire and the Encyclopedia, Oxford 2004

Sallmann, K.: Art. Enzyklopädie, Der Neue Pauly Bd. 3, Stuttgart 1997, 1054–1059

Stern, M.: Greek and Latin Authors on Jews and Judaism Bd. 1, Jerusalem 1976

Thraede, K.: Das Lob des Erfinders. Bemerkungen zur Analyse der Heuremata-Kataloge, Rheinisches Museum für Philologie 3. Folge 106/1962, 158–186